Jorge Alfredo Gonzélez Pérez
Felicidad Ndafahamba Alberto Cabral

Proposta de um sistema de informação sobre as variáveis climáticas

Jorge Alfredo Gonzélez Pérez
Felicidad Ndafahamba Alberto Cabral

Proposta de um sistema de informação sobre as variáveis climáticas

Proposta de um sistema de informação sobre variáveis climáticas na agricultura do município do Cuanhama, Cunene. Angola

ScienciaScripts

Imprint

Cover image: www.ingimage.com

This book is a translation from the original published under ISBN 978-620-0-01022-3.

Publisher:
Sciencia Scripts
is a trademark of
Dodo Books Indian Ocean Ltd. and OmniScriptum S.R.L publishing group

120 High Road, East Finchley, London, N2 9ED, United Kingdom
Str. Armeneasca 28/1, office 1, Chisinau MD-2012, Republic of Moldova, Europe
Managing Directors: Ieva Konstantinova, Victoria Ursu
info@omniscriptum.com

Printed at: see last page
ISBN: 978-620-8-51869-1

OBRIGADO.

- ✓ *A Deus Todo-Poderoso pelo dom da vida e da saúde, pela força, sabedoria e capacidade de chegar até aqui.*
- ✓ *Aos meus professores que dedicaram o seu tempo e deram tudo para que este momento acontecesse.*
- ✓ *Gostaria de agradecer ao meu querido tutor JORGE ALFREDO GONZÁLEZ PÉREZ pela sua paciência e dedicação, obrigado.*
- ✓ *Agradeço a três pessoas muito importantes na minha vida que estiveram presentes desde o início pelos seus conselhos e apoio financeiro, a minha mãe Gizela J. Dembo, o meu tio Estefanio, vocês são os meus segundos pais.*
- ✓ *Agradeço ao meu amor Nelson K. Hach pelo seu apoio incondicional e companheirismo, motivação e apoio para tornar tudo isto possível, obrigada amor.*
- ✓ *Aos meus queridos colegas, pelo companheirismo e pelas batalhas que travámos.*

Obrigado a todos pelo vosso apoio.

DEDICAÇÃO

Dedico esta monografia à minha querida família, em especial à minha mãe "Augusta Inés Augusta" por todas as orações e apoio nos momentos difíceis que passamos, mesmo assim continuamos de pé com o pouco que trabalhaste para que a tua filha tivesse hoje uma licenciatura, obrigada, amo-te.

Minha princesa Azucena Tuyoleni Hach, que amo muito e que se orgulhe da tua mãe e que tu a sigas como exemplo, amo-te.

RESUMO

O presente trabalho é realizado no município do Cuanhama, província do Cunene, onde foi analisado o comportamento histórico de algumas variáveis climáticas como temperatura máxima e mínima, humidade relativa e precipitação durante um período histórico de dez anos (2013-2022) e comparado com o ano de 2023. Esta investigação foi realizada com informações recebidas do Ministério das Telecomunicações, Tecnologias da Informação e Comunicação Social. Instituto Nacional de Meteorologia e Geofísica Departamento Provincial de Meteorologia do Cunene, onde foram obtidos dados de temperatura máxima e mínima, humidade relativa e precipitação para 11 anos. A média da temperatura máxima do ano analisado (2023) teve um valor de 31,58 ºC, sendo inferior à média histórica à qual atribuí um valor médio anual de 34,7 ºC, a humidade mínima no ano analisado foi 17,2 ºC superior à média histórica (13,3 ºC), a humidade relativa da média histórica 52,7% foi superior à do ano analisado 34,0%, a precipitação em ambos os casos foi baixa embora a média histórica (37,5 mm) tenha sido superior à do ano de 2023 (32,6 milímetros). É produzido um boletim agro-climático que fornece informações detalhadas sobre as condições climatéricas na zona, bem como elementos e informações úteis para os produtores, que lhes permitem tomar decisões favoráveis na sua produção. GRAMO Assegurar que os produtores estão actualizados em relação às mesmas, dispondo de informações que os ajudem a tomar decisões sobre os tipos de produção a semear e a desenvolver nas suas hortas, de modo a minimizar os prejuízos económicos das mesmas.

Palavras chave: variabilidade, temperatura, humidade, precipitação,

ÍNDICE

I. INTRODUÇÃO

O conhecimento e a informação atempados, com monitorização contínua das variáveis ambientais, são elementos essenciais para a tomada de decisões orientadas para o desenvolvimento sustentável. Por isso, toda a informação sobre vulnerabilidade, impactos e adaptação às alterações climáticas constitui uma contribuição positiva para a tarefa em que os países da América Latina e das Caraíbas estão envolvidos (IPCC, 2007a).

Durante o século XX, foram registados aumentos de temperatura, aumentos e diminuições de precipitação e alterações na ocorrência de fenómenos extremos em várias zonas. As alterações nos fenómenos extremos incluíram tendências positivas nas noites quentes, chuvas fortes e dias secos consecutivos. Nos países da América Latina e das Caraíbas, existem amplas provas do aumento da ocorrência destes fenómenos climáticos e das alterações climáticas, como os contínuos episódios de secas e inundações, o furacão Catarina no Atlântico Sul e o número recorde de furacões ocorridos em 2005 nas Caraíbas (IPCC, 2007a).

Os impactos negativos destas alterações incluem o recuo dos glaciares, o aumento da frequência das inundações, o aumento da morbilidade e da mortalidade, o aumento dos incêndios florestais, a perda de biodiversidade, o aumento das doenças das plantas, a redução da produção de gado leiteiro e problemas com a produção de energia hidroelétrica (IPCC, 2007a).

A África não tem estado isenta destes acontecimentos, e nas últimas décadas tem-se assistido a um aumento da variabilidade climática. Centelha et al., (1997) observaram em África um aumento das temperaturas e um aumento significativo do número ou da intensidade das secas, que não só duplicaram a sua frequência de ocorrência, como também registaram um aumento considerável do número de casos extremos.

Segundo Sánchez-Santilán et al., (2014), Nos últimos dois anos a precipitação teve um impacto positivo na agricultura e em todas as áreas da sociedade, este último ano é o único que excedeu a média anual, em qualquer caso, não estamos isentos das alterações climáticas e de sofrer novamente uma seca severa, é necessário estar preparado, pois o risco está presente, uma vez que é relatado um aumento da evaporação e das temperaturas (entre 0,6 e 3,5 graus Celsius).

A tendência para o aumento da seca coincide com as projecções futuras associadas às mudanças climáticas, que ocorreram no país durante o período de 1961-1990, eventos de seca moderada e severa, que duplicaram no período de 1931-1960, após 1990 ocorreram eventos de seca significativos, com maior incidência nas províncias orientais. As cinco províncias orientais foram sujeitas a eventos climáticos extremos durante os anos de 1998 - 2007, segundo estudos realizados pelo Instituto de Planeamento Físico Sanchez-Santilan et al., (2014), A província do Cunene é uma das mais vulneráveis à insegurança alimentar, durante este período o efeito da seca agrícola influenciou severamente a agricultura na província.

O município do Cuanhama, na província do Cunene, não ficou isento dos acontecimentos acima referidos, razão pela qual necessita de dispor de informação suficiente para que os actores sociais e os decisores possam tomar decisões de forma rápida e precisa.

Neste sentido declara-se como: Problema Científico: Insuficiência no sistema de informação das variáveis climáticas que impedem os produtores do município do Cuanhama na província do Cunene de tomarem melhores decisões para os resultados da sua produção.

Com base no exposto, apresenta-se a seguinte hipótese: "Se o sistema de informação for melhorado para permitir a integração das variáveis climatológicas do município do Cuanhama, será possível contribuir para a sua utilização eficiente na tomada de decisões no sector agrícola, em função do desenvolvimento local.

Nesta investigação o Objetivo Geral é: Propor um boletim decenal que permita a integração das variáveis climatológicas no município, de forma a contribuir para o processo de tomada de decisão dos decisores locais.

é definido como objectivos específicos:

1. Analisar o comportamento histórico das variáveis temperatura, humidade relativa e precipitação na área de estudo no período 2013-2022.
2. Produzir um boletim decenal que contenha um sistema de informação sobre as variáveis climáticas favoráveis aos produtores que possam tomar decisões sobre a sua produção.

II. REVISÃO DA LITERATURA

2.1 Variáveis climatológicas

A literatura internacional inclui diferentes métodos para determinar a influência das variáveis climáticas na seca, tanto meteorológicas como agrícolas, e, entre eles, o elemento climático mais importante e geralmente considerado é a variável precipitação. Alguns deles baseiam-se em análises mensais da informação meteorológica atmosférica. Em aplicações agrícolas, um mês é um período muito longo e não é adequado para avaliar o défice hídrico das plantas em condições de seca (Villalpando, 2024).

A precipitação pode concentrar-se num determinado período do mês, criando assim outros períodos mais secos no resto do mês, pelo que o estudo da influência da seca agrícola, que pode ser crítica em certas fases do desenvolvimento das plantas, recomendou a organização da informação em períodos de dez anos (10 dias), para aumentar a sua precisão. Serrano et al., (2017).

Estes autores explicam ainda que os índices climáticos que relacionam elementos do tempo e do clima com a seca são utilizados para determinar quantitativamente a seca meteorológica. Muitos deles associam a variável precipitação com a variável temperatura, a variável evaporação e outros elementos climáticos. Os índices agro-climáticos derivados das variáveis climatológicas de base indicam geralmente a extensão temporal e espacial e a intensificação da seca. Qualquer estudo e desenvolvimento do índice de seca agrícola deve refletir fielmente e com precisão este fenómeno complexo.

Deve também definir o grau em que as plantas são prejudicadas no seu crescimento e desenvolvimento pelas tensões a que foram submetidas pelo stress por défice de humidade e quantificar em pormenor a oferta e a procura de água no complexo a que estou habituado. atmosfera vegetal, pelo que os índices de seca agrícola são desenvolvidos principalmente com base nas variáveis precipitação, evapotranspiração, evaporação, teor de água no solo e estado de desenvolvimento das culturas (Paneque & Habana, 1998).

No contexto da agricultura, a seca "não começa quando a precipitação cessa, exceto quando as raízes das plantas já não conseguem obter humidade do solo" e pode ser definida com base na humidade do solo e não numa interpretação indireta dos registos de precipitação. Uma vez que a reserva produtiva de humidade do solo depende das caraterísticas do solo e da cultura, a seca agrícola ocorre quando a humidade do solo na rizosfera se encontra a um nível que limita o crescimento e a produção das culturas (Paneque e Habana, 1998).

De acordo com a Organização Meteorológica Mundial, a seca agrícola ocorre quando a quantidade de precipitação e a sua distribuição, as reservas de água no solo e as perdas por evaporação se combinam para causar reduções significativas no rendimento das culturas e do gado. Isto resulta numa produção alimentar deprimida, em condições de pastagem inadequadas, em baixos rendimentos do trabalho e do investimento agrícola, na redução da disponibilidade de madeira para combustível, no aumento do perigo potencial de incêndios na vegetação, no aumento do risco de desertificação e nos impactos sociais e consequências económicas associados à seca, incluindo a insegurança do abastecimento alimentar (Montenegro e Luján, 2018). (Montenegro e Luján, 2018).

Quando a disponibilidade de água é inferior às necessidades da vegetação para satisfazer o seu crescimento e desenvolvimento normais, embora a água esteja teoricamente disponível até ao ponto de murchamento permanente, o consumo de água pelas plantas é progressivamente reduzido a partir do limite produtivo (valor mais baixo do teor de água no solo, acima do qual as plantas podem atingir o rendimento máximo, na ausência de factores limitantes), até ao ponto de murchamento.
Neste caso, a condutividade hidráulica do solo não permite que a água seja transportada com rapidez suficiente até às raízes das plantas para satisfazer as necessidades de transpiração. A humidade do solo é expressa pela quantidade de água que contém ou também pela tensão a que a água é retida (Villalpando, 2024)

A primeira expressão é utilizada para estudar as perdas ou ganhos de água e a segunda para compreender o movimento e a disponibilidade de água para as plantas. Como resultado deste balanço obtém-se, através de uma folha de cálculo, Serrano et al. (2017), criada no desenvolvimento do modelo para o cálculo do balanço hídrico do solo na rizosfera, o índice de disponibilidade de água para um ponto de drenagem que abrange todo o país e cujo passo é de 1 km de um lado.

A relação quantitativa entre este índice e a precipitação, a reserva de humidade produtiva, as necessidades hídricas das plantas e o stress hídrico a que a vegetação está sujeita, são as variáveis que dão origem à modelação para desenvolver um índice agrometeorológico que permite determinar as condições de humidade formadas na vegetação predominante na área de estudo e outras questões relacionadas com a humidade em vários aspectos relacionados com a agricultura, reconhecida por Gutiérrez e Anay (2019), Gosling e Arnell (2016) e jiménez et al,(2004), como um índice de humidade.

A monitorização contínua das condições do índice de humidade de um local permite detetar a presença de eventos extremos de seca e humidade prejudiciais à agricultura. A aplicação prática do modelo gerado pela FAO (2010) e Gyoo-Bum et al. (2006) para calcular o índice de seca agrícola e avaliar, no sistema de monitorização agrometeorológica, o desenvolvimento dos processos deste evento climático extremo nos diferentes episódios de seca agrícola de 1996 até à data, Chavarría et al. (2020) e Fernando (2020) indicam que este modelo descreveu com muito boa aproximação o início, extensão espacial, evolução, redução da área afetada, enfraquecimento, fim e ausência de seca agrícola.

No entanto, a experiência adquirida com a utilização do modelo permitiu calibrar a categoria de fim de seca, fazendo-a corresponder ao desaparecimento das condições de stress hídrico na vegetação.

Com base na monitorização dos períodos de tempo seco avaliados pelo índice de humidade FAO modificado (2007) e pela escala proposta por Chavarría et al. (2007), e na escala proposta por Chavarría et al. (2020) que permite avaliar o início, o fim e a duração da seca agrícola, em função das condições de stress hídrico que afectam a vegetação predominante na área de estudo, a evolução da seca agrícola é conceptualizada em seis categorias que enumeramos a seguir de acordo com Fernando (2020):

a) Período seco curto.

Esta categoria expressa que ocorreu um período seco em que a vegetação esgotou a reserva produtiva de humidade do solo e permaneceu em stress hídrico moderado a severo durante as duas décadas seguintes (categorias de índice de humidade muito seco ou severamente seco). Os seus efeitos podem corresponder, em termos de stress hídrico das plantas, às categorias de seca absoluta, período seco ou seca parcial.

b) Período seco moderado.

Corresponde ao período seco que manteve a vegetação sob stress hídrico moderado ou severo durante um período adicional de uma década à categoria acima descrita e cuja duração foi maior ou igual a três décadas após o início do esgotamento da água no solo.

c) Início da seca agrícola.

Compreende o período seco que manteve a vegetação sob stress hídrico moderado ou severo durante um período adicional a uma década à categoria acima descrita e cuja duração foi maior ou igual a quatro décadas após o início do esgotamento da água no solo. Este período de tempo suficientemente longo corresponde ao início da seca meteorológica no Sistema de Monitorização de Secas do Centro Climático.

d) Continuação da seca agrícola.

Esta categoria indica o estabelecimento de uma seca agrícola. A seca agrícola, neste caso, manteve a vegetação sob stress hídrico moderado ou severo por um período adicional de uma década à categoria já descrita acima e a sua duração foi maior ou igual a cinco décadas após o início da seca no solo. depleção.

e) Fim da seca agrícola.

Inicia-se com a primeira década, entre duas décadas consecutivas, em que há condições húmidas após um período seco, podendo haver um período seco entre elas que provoca um ligeiro stress hídrico nas plantas (o teor de água do solo não permite que as plantas satisfaçam as suas necessidades hídricas, ou seja, a humidade produtiva do produto é inferior ao volume de água que armazena no limite produtivo e é maior ou igual a metade do teor de água que armazena quando está no limite produtivo, ou seja, não extrai água do solo com facilidade, nem a altas tensões.

A vegetação, nestas condições, quase satisfaz as suas necessidades hídricas e extrai água do solo com algumas limitações, cresce com algumas dificuldades e isso reduz ligeiramente o seu crescimento e produção de biomassa).

f) Ausência de seca agrícola.

É o período em que as condições agro-meteorológicas não dão origem a períodos de seca ou de estiagem. Neste caso, as plantas podem obter rendimentos economicamente aceitáveis e mesmo atingir os seus rendimentos máximos.

De acordo com os resultados da investigação do Centro Climatológico do Instituto de Meteorologia, nas últimas três décadas a temperatura do ar aumentou 0,6 °C, a ocorrência de tempestades severas acompanhadas de ventos fortes e relâmpagos aumentou, e a frequência e intensidade de secas e estiagens aumentaramIDEAM-UNAL (2018).

Nas condições climáticas de Angola, existem dois períodos sazonais muito diferentes, o chuvoso e o seco. Em geral, a estação das chuvas coincide com o verão. Aproximadamente três quartos da precipitação total anual acumulam-se neste período. A falta de precipitação durante este período pode caraterizar o início ou a presença de seca meteorológica, embora não se verifiquem condições de stress nas plantas, uma vez que a vegetação durante este período, em condições de seca, consegue muitas vezes satisfazer as suas necessidades hídricas ou estar muito seca. perto disso, consumindo a reserva de água do solo.

No período de baixa pluviosidade, a vegetação em condições de seca tende a não satisfazer as suas necessidades de humidade e prevalecem condições de stress para a vegetação, embora não haja um défice de precipitação que provoque uma seca meteorológica Inzunza, (2023).

A temperatura é outra variável climática importante, havendo evidência científica, às escalas global, hemisférica, regional e sub-regional, de um aumento da temperatura do ar à superfície nas últimas décadas, e de que este aumento está relacionado com as emissões antropogénicas de gases com efeito de estufa. Este aumento tem implicações para a sustentabilidade porque causa impactos negativos na maioria dos sectores socioeconómicos e nos ecossistemas, com consequentes efeitos na biodiversidade (PNUD, 2007).

2.2 Clima, suas variações e mudanças

O clima é dinâmico e tem uma variabilidade intrínseca. O termo variabilidade é usado para indicar separações de estatísticas climáticas em períodos de meses, estações ou anos, em relação a estatísticas de duração diferente referentes ao mesmo período (mês, estação ou ano) e é medido por estas separações conhecidas como anomalias. Quando se observam diferenças entre estatísticas de longo prazo de elementos climáticos calculados para períodos diferentes, mas referentes à mesma área, diz-se que estamos na presença de alterações climáticas (CMMAD, 1987).

De acordo com Guzmán-Castellanos et al. (2014), o clima é o resultado das interações complexas de muitos componentes, e o seu comportamento é altamente dinâmico e não linear. Nas últimas décadas, uma atenção internacional crescente tem-se concentrado na questão da variabilidade climática, uma vez que ocorreram anomalias climáticas extremas em muitas regiões do planeta, incluindo processos de seca intensos e extensos, eventos de precipitação severos e devastadores, temperaturas extraordinariamente quentes e muitos outros fenómenos que causaram impactos humanos e materiais significativos em muitos países, em alguns casos atingindo a classificação de desastres de proporções imensas.

A melhor estratégia de defesa face a anomalias climáticas extremas é a preparação para o risco, ou seja, a adoção prática de contramedidas proactivas ou antecipatórias que tenham em conta a provável recorrência do fenómeno em questão e as suas caraterísticas de manifestação, a vulnerabilidade dos elementos expostos, etc. Evitam-se assim surpresas e, consequentemente, medidas reactivas ou improvisadas, muitas vezes contraproducentes e incompatíveis com o princípio da sustentabilidade (Llacza et al., 2016).

O clima sofreu muitas alterações no passado. Os dados geológicos dos milénios anteriores e os registos instrumentais indicam que sempre existiram variações climáticas, por vezes extremas.

Há provas de que as alterações climáticas ocorridas nos últimos dois milhões de anos provocaram a migração do gado bovino, do gado bovino e do gado bovino, à medida que se aproximavam ou se afastavam dos glaciares. No âmbito destas grandes convulsões climáticas, foi demonstrado que outras flutuações mais rápidas ocorrem em escalas temporais de centenas de anos e são muito mais importantes para a humanidade devido às suas consequências imediatas (Duval e Campo, 2017).

O que são as alterações climáticas?

Uma alteração climática ocorre quando a temperatura do sistema Terra-atmosfera, definida como a temperatura média global perto da superfície da Terra, é determinada pelo equilíbrio entre a radiação solar recebida (comprimento de onda curto) e a radiação emitida, que inclui parte da radiação solar reflectida (comprimento de onda curto) e a radiação infravermelha terrestre (comprimento de onda largo). Em escalas temporais longas (décadas ou mais), existe um equilíbrio entre a energia que entra e a que sai (Villalpando, 2024).

Isto significa que a temperatura do sistema Terra-atmosfera permanece aproximadamente constante nestas escalas de tempo. Se este equilíbrio for alterado (o desequilíbrio denominado forçamento radiativo), o sistema responde ao forçamento radiativo e tenta restabelecer o equilíbrio alterando a sua temperatura (uribeyAlberto, 2017; Vinet e Zhedanov, 2010).

Os processos que produzem forçamento radiativo são conhecidos como factores de forçamento externo, que podem ser naturais ou antropogénicos. Um exemplo de forçamento externo natural pode ser uma alteração na energia emitida pelo sol, enquanto um exemplo de forçamento externo antropogénico (produzido pelo homem) é o aumento do efeito de estufa.

O efeito de estufa é um processo natural que provoca o aquecimento da superfície terrestre e da baixa atmosfera. É causado pela presença na atmosfera de gases que têm a capacidade de absorver e reemitir a radiação terrestre.

O vapor de água, o dióxido de carbono, o metano, o óxido nitroso, os clorofluorocarbonetos e o ozono troposférico absorvem a maior parte da radiação emitida pela superfície terrestre, pelo que a presença destes gases se torna uma "armadilha" para a radiação terrestre, retendo a maior parte do calor transportado por esta radiação e aquecendo a superfície terrestre e a baixa atmosfera.

Estes gases actuam de forma semelhante ao vidro de uma estufa, razão pela qual chamamos a este fenómeno efeito de estufa e aos gases que o produzem, gases de estufa. Graças a esse efeito, a temperatura do planeta é de 15 ºC e não de -18 ºC, ou seja, 33 ºC mais alta do que o gás de efeito estufa que não estaria presente na atmosfera, o que dificulta a existência das atuais formas de vida no planeta Terra. (Usuários, 2012).

Até há pouco tempo, as alterações climáticas estavam associadas apenas a forças naturais externas. Atualmente, porém, é claro que, devido aos padrões de desenvolvimento utilizados, os seres humanos podem alterar o clima da Terra, levando a um reforço do efeito de estufa. Grandes quantidades de dióxido de carbono são emitidas para a atmosfera devido à combustão de combustíveis fósseis, estimando-se que, após a revolução industrial do século XVIII, as emissões de dióxido de carbono tenham aumentado exponencialmente. Quantidades significativas do mesmo gás foram também libertadas para a atmosfera em resultado da desflorestação e de outras actividades humanas (Clemente *et al.,* 2016)

2.3 O fenómeno da seca

A seca, em primeiro lugar, é um fenómeno climático causado por uma redução da precipitação que se manifesta lentamente, afectando as pessoas, as actividades económicas e o ambiente em geral. No sentido mais lato, um evento de seca ocorre quando a disponibilidade de água doce, proveniente da precipitação, rios, lagoas, reservatórios subterrâneos (todas as fontes), é continuamente inferior aos valores normais (Wlemente *et al.,* 2016).

SegundoVillalpando (2024), O fenómeno da seca pode ser avaliado de diferentes pontos de vista, quer pelas condições climáticas que lhe estão associadas, como a precipitação, a temperatura, a evaporação, etc., quer pelas suas consequências agrícolas, hidrológicas ou económicas. Podem ser identificados quatro tipos principais de seca: meteorológica, agrícola, hidrológica e social ou económica. O primeiro está relacionado com as condições climáticas e os três últimos com as consequências.

a) *Seca meteorológica:* Ocorre quando a precipitação é muito inferior ao esperado numa grande área e durante um período de tempo prolongado.

b) *Seca hidrológica:* Ocorre quando há um défice contínuo no escoamento superficial que atinge um nível abaixo das condições normais ou quando o nível das águas subterrâneas diminui.

c) *Seca agrícola:* quando a quantidade de precipitação e a sua distribuição, as reservas de água no solo e as perdas por evaporação se conjugam para provocar reduções significativas no rendimento das culturas e do gado.

d) *Seca social ou económica:* É atribuída a efeitos naturais mas também sociais. É representada pela escassez de água induzida por um desequilíbrio entre a oferta e a procura de água.

Nas últimas décadas, o fenómeno da seca tem sido um dos riscos climáticos mais agravados a nível mundial. Secas frequentes e persistentes têm ocorrido tanto em regiões desenvolvidas como em desenvolvimento, causando graves impactos nas suas economias, sociedades e no ambiente em geral. Entre as catástrofes naturais, a seca é considerada uma das que afectam o maior número de pessoas (PNUA, 2008).

Segundo (Clemente *et al.*, 2016), cada território, de acordo com o comportamento deste fenómeno, desenvolverá uma política de adaptação baseada num processo estruturado que permita o desenvolvimento de estratégias, políticas e medidas de adaptação para assegurar o desenvolvimento humano face à variabilidade e às alterações climáticas. Relacionar a adaptação às alterações climáticas com o desenvolvimento sustentável e as questões ambientais globais. Permitir complementar as políticas existentes nos países em desenvolvimento, incluindo os processos de avaliação, desenvolvimento e acompanhamento de projectos.

Baseado em quatro princípios básicos:

a) As políticas e medidas de adaptação devem ser avaliadas no contexto do desenvolvimento.

b) A adaptação à variabilidade climática a curto prazo e aos fenómenos extremos é explicitamente incluída como um passo para reduzir a vulnerabilidade às alterações climáticas a longo prazo.

c) A adaptação ocorre a diferentes níveis da sociedade, incluindo o nível local.

d) A estratégia de adaptação e os processos através dos quais esta é implementada são igualmente importantes.

2.4 Ciência das alterações climáticas

Desde o início do planeta, a interação entre o sol, a lua, a atmosfera, a hidrosfera, a cobertura vegetal e outros componentes planetários tem sido constante e dinâmica. O clima do planeta nunca foi estático; pelo contrário, as interações entre todos os seus componentes deram origem a diferentes formas e períodos. As mudanças nas variáveis climáticas não permitiram nem limitaram a existência biológica de várias espécies (Maderey e Jiménez, 2001, Sófocleo, 2002 e Núñez e Núñez, 2011).

Ao longo da história, o clima tem sido um dos factores determinantes no desenvolvimento dos sistemas físico-naturais e na evolução das sociedades. A configuração climática conduziu à acessibilidade da água doce, à diversificação biológica, à habitabilidade de certas regiões e aos ciclos agrícolas. A configuração do destino é sensível às modificações naturais e humanas. Estas alterações provocam desequilíbrios na interação dos elementos e sistemas que se repercutem no clima do planeta, provocando alterações regionais e globais nos sistemas físico-naturais. Como o clima é variável, uma alteração significativa do clima em relação ao clima histórico do planeta é conhecida como mudança climática (Villalpando, 2024).

Os registos climáticos globais dos séculos XX e XXI dão conta de mudanças significativas no sistema climático global, especialmente em relação à temperatura média global. Durante o período 1880-2012, observou-se um aumento médio de 0,85 °C (Sepúlveda, 2020).

A taxa e a duração deste aquecimento foram maiores do que em qualquer outro momento do último milénio; os últimos 30 anos foram mais quentes do que qualquer outro período desde 1850. A última avaliação científica global das alterações climáticas, apresentada em 2013, dá uma certeza de 95 por cento. É certo que a atividade humana é a principal causa do aquecimento observado desde meados do século XX (.Martinez e Patiño, 2012).

O relatório assinala igualmente o aquecimento da atmosfera e dos oceanos, a diminuição dos glaciares e das calotes de neve e de gelo, a subida do nível do mar e o aumento das concentrações de gases com efeito de estufa (GEE).

Este capítulo trata dos componentes do sistema climático global. Tendo em conta os diferentes cenários de emissão de gases com efeito de estufa, descreve os factores relacionados com as alterações climáticas em consequência das actividades humanas, as alterações observadas e as projecções futuras, de acordo com os diferentes cenários de emissão.

Alterações climáticas

Nas últimas duas décadas, as alterações climáticas têm sido um tema de conversa diária e de preocupação para muitos sectores económicos e sociais, mas é também um tema que não é considerado importante, não só para muitas pessoas, mas também para alguns sectores económicos. As alterações climáticas afectam todos os sectores económicos e sociais, incluindo certamente a agricultura e a produção alimentar. Possivelmente, uma das razões pelas quais não lhe é dada a devida importância é o facto de não se saber realmente o que são e como afectam cada sector económico. Este artigo apresenta as causas das alterações climáticas, o seu impacto na agricultura e algumas medidas para reduzir o seu impacto na produção agrícola (Villalpando. 2024).

O que são as alterações climáticas?

As alterações climáticas têm a sua origem no aumento das emissões de gases com efeito de estufa no início da era industrial. Esta situação acentuou-se a partir da década de 1970. Os gases com efeito de estufa que provocam o aquecimento global são principalmente o CO2, o metano e os óxidos de azoto. O sector agrícola contribui com cerca de 1/3 do total das emissões de gases com efeito de estufa, através da utilização de fertilizantes azotados, da desflorestação, da pecuária e da cultura do arroz por inundação. FAO (2010).

Embora a agricultura seja também um sector que ajuda a sequestrar CO2 através da plantação de culturas anuais e perenes, poderia aumentar ainda mais a sua contribuição através da reflorestação e da redução dos fertilizantes azotados. O aquecimento global provoca, a longo prazo, um aumento gradual da temperatura na atmosfera próxima da superfície terrestre e, a curto prazo, uma alteração dos padrões climáticos, principalmente da temperatura e da precipitação. Esta desordem climática manifesta-se pela ocorrência de fenómenos extremos de precipitação e temperatura, de magnitude e em épocas do ano que não estamos habituados a observar, FAO (2007).

A curto prazo, o efeito do aquecimento global no clima de África manifestou-se com um aumento da temperatura, a partir da década de 1990, e esta tendência continua a aumentar até à data.

Em termos de precipitação, as alterações observadas são:

1) aumento da variabilidade dos totais de precipitação entre anos em várias regiões do país, conduzindo a períodos de seca, e
2) maior variabilidade na distribuição sazonal e anual.

Esta situação afecta e continuará a afetar a produção agrícola, tanto em regime pluvial como em regime de regadio, uma vez que as emissões de gases continuam a aumentar, apesar dos compromissos internacionais assumidos pela maioria dos países nesta matéria. Em suma, as alterações climáticas são o resultado de uma alteração do clima, que já não segue os padrões tradicionais a que estávamos habituados e que, pelo contrário, é muito mais variável.

2.5 Impacto das alterações climáticas na produção agrícola (Miyamoto, 2017; IPCC, 2014).

As alterações climáticas afectam a produção agrícola de diferentes formas. O impacto é frequentemente negativo:

I) Precipitação mais variável no espaço e no tempo, o que conduz à escassez de água também para a agricultura de sequeiro e de regadio;

II) ocorrência de temperaturas elevadas que causam stress térmico nas culturas e aumentam a necessidade de água. Noutros casos, porém, as alterações climáticas podem ser benéficas, por exemplo, o aumento do CO2 aumenta a produção de espécies vegetais como as árvores de fruto, o trigo, o feijão e outras, desde que as culturas tenham humidade suficiente no solo e boas condições nutricionais.

Além disso, o aumento da temperatura média nalgumas regiões permitiu que a fronteira agrícola de algumas culturas, como o limão e o abacate, se expandisse para regiões temperadas, agora mais frias.

São apresentados a seguir vários exemplos do impacto das alterações climáticas na produção agrícola.

- ✓ As tempestades mais variáveis devidas às alterações climáticas afectam as culturas pluviais devido ao seu início irregular, à sua duração e à quantidade de precipitação que provocam.
- ✓ A irregularidade da precipitação também afecta a utilização de factores de produção agrícola, como os fertilizantes, as variedades de culturas e a utilização de produtos químicos para apoiar as culturas, entre outros.
- ✓ O aumento da variabilidade e da escassez de precipitação durante o ciclo das culturas causa stress hídrico nas plantas, encurta o período de crescimento e reduz os rendimentos, especialmente se ocorrer durante a floração e a plena floração das culturas alimentares,

- ✓ A escassez e a irregularidade da precipitação são mais acentuadas em solos com baixa retenção de humidade e baixos níveis de matéria orgânica.
- ✓ O aumento da variabilidade da precipitação tem impacto no abastecimento de água das barragens e na sua disponibilidade para a agricultura de regadio.
- ✓ O aumento da temperatura encurta o ciclo vegetativo das culturas (dias até à floração e maturação) e acaba por reduzir os rendimentos.
- ✓ O aumento da temperatura máxima provoca stress térmico a diferentes níveis, por exemplo, dias com uma temperatura máxima superior a 30 °C provocam stress térmico em culturas como o abacate, o trigo e outras. Os dias quentes também aumentam a necessidade de água das culturas.
- ✓ O aumento da temperatura mínima reduz a disponibilidade de horas de frio para as culturas frutícolas como a maçã, o pêssego, a noz e outras, bem como para a produção de trigo de inverno, especialmente na região de Sonora e Baixio. O aumento das temperaturas mínimas (noturnas) também afeta negativamente outras culturas cultivadas em regiões tropicais, como a manga e o milho.
- ✓ A ocorrência de precipitação associada a temperaturas mais elevadas em alturas inoportunas, devido às alterações climáticas, está frequentemente associada ao aparecimento de doenças e pragas.

Medidas de adaptação às alterações climáticas para reduzir o impacto das alterações climáticas na produção agrícola

1. A produção agrícola face às alterações climáticas exige medidas de adaptação para reduzir a vulnerabilidade da produção alimentar.
2. O que é que os agricultores e os decisores políticos podem fazer face a este paradigma?
3. Em primeiro lugar, é preciso dizer que a produção agrícola não pode nem deve continuar a ser efectuada de acordo com as recomendações de um "pacote tecnológico" que não esteja ligado às informações climáticas. As datas de sementeira, as variedades de culturas, as práticas de proteção contra as pragas, doenças e afecções, a quantidade de água de rega e os níveis de fertilização serão, em maior ou menor grau, afectados pelas condições climáticas registadas durante o ciclo vegetativo. Por conseguinte, a agricultura não deve continuar a ser praticada repetindo o mesmo "pacote tecnológico" todos os anos.

4. Os produtores devem contar com informações regulares sobre as condições meteorológicas previstas para cada época de cultivo. Estas informações incluem previsões meteorológicas sazonais e mensais, a ocorrência de fenómenos meteorológicos El Niño ou A Menina e previsões meteorológicas de 7 dias durante a época de cultivo.
5. Promover práticas de conservação da humidade do solo e a incorporação de matéria orgânica no solo como medidas a médio e longo prazo para atenuar o impacto da variabilidade da precipitação.
6. Utilizar variedades de culturas tolerantes ao stress hídrico ou térmico, de acordo com as condições climáticas previstas, como medida de adaptação para reduzir o impacto na produção.

Nas últimas décadas, a África assistiu a um aumento da variabilidade climática, à subida das temperaturas e a um aumento significativo do número ou da intensidade das secas, que não só duplicaram a sua frequência de ocorrência, como também registaram um aumento considerável do número de fenómenos extremosHernandez (2014) e Promis e Ibarra (2010).

As tendências observadas no clima africano tiveram um impacto negativo considerável numa vasta gama de actividades socioeconómicas, sobretudo no sector agrícola. Os fenómenos extremos associados ao ENSO (O Menino - Oscilação Sul 97/98), tiveram um efeito semelhante no sector agrícola e foram uma das causas da redução da produção de produtos alimentares e outros artigos de grande interesse económico para o país (METRO Enrique, 2015) e Oñate (2012).

Estes fenómenos adversos notáveis ocorreram mais frequentemente durante o principal período agrícola do país (estação fria). No entanto, há culturas e gado que beneficiam em função da magnitude destes fenómenos extremos e do estádio de desenvolvimento em que se encontram. Não há dúvida de que a precipitação localmente intensa danifica a maioria das culturas estabelecidas num determinado momento, no entanto, a água do escoamento recolhida numa bacia hidrográfica pode assegurar a colheita de novas culturas (PNUA, 2008).

As preocupações relacionadas com os aspectos acima referidos orientaram toda uma série de estudos destinados a compreender os agentes causais das catástrofes que estavam a ocorrer na agricultura e, posteriormente, a criação de sistemas de monitorização que, embora não actuando face a eventos extremos, proporcionaram a cultura crescente entre os utilizadores de informação meteorológica.

A emissão de alertas precoces sobre eventos extremos conseguiu incorporar o conhecimento meteorológico nas tácticas e medidas operacionais que os decisores agrícolas devem tomar rotineiramente para mitigar e minimizar os efeitos adversos do tempo e do clima. SegundoOñate (2012), A estratégia de adaptação precoce é reafirmada como uma das melhores opções para mitigar as alterações climáticas.

SegundoSuárez (2009), ao concluir os seus estudos sobre Variabilidade Climática, Impactos e Adaptação, observou que "é da maior importância que a sociedade aprofunde o conhecimento dos diferentes elementos da variabilidade climática em África, dos seus extremos e da magnitude dos seus impactos. Só assim haverá uma melhor possibilidade de prever os seus impactos e, consequentemente, uma melhor possibilidade de estabelecer planos de desenvolvimento que tenham em conta estes factores.

A seca é a catástrofe que afecta o maior número de pessoas em todo o mundo. Pode provocar migrações em massa para as cidades, contribuir para a insegurança alimentar e afetar o abastecimento de alimentos à população. Afecta também os serviços em diferentes sectores, principalmente a saúde e a educação, e promove condições potencialmente perigosas para os incêndios de vegetação Hassan (2010).

A integração de conceitos teóricos sobre a evolução das condições de seca agrícola e de risco potencial de incêndio na vegetação, alargada através da aplicação de Sistemas de Informação Geográfica a todas as regiões do país, constitui uma ferramenta valiosa que permitiu avaliar o risco climático causado pela presença destes fenómenos meteorológicos extremos produzidos por variações climáticas, Gutiérrez e Pons (2006).

2.6. O clima de Angola (Development Workshop, 2011).

Angola é um país da África intertropical, com um clima marcado por estações alternadas, com uma estação seca de maio a setembro e uma estação chuvosa de outubro a abril. Esta situação geográfica peculiar deve-se ao facto de Angola se situar na zona intertropical e subtropical do hemisfério sul e perto do mar. A Corrente de Benguela, fria e seca, gera chuvas raras, que se estendem desde a costa até ao planalto central. As temperaturas em Angola são mais elevadas durante a estação das chuvas, com um pico em março.

A estação seca representa a estação fria, vulgarmente conhecida por cacimbo, e atinge o seu pico em junho e julho. O frio é menos intenso no litoral e aumenta de intensidade à medida que se avança para altitudes mais elevadas. No planalto central, a temperatura desce abaixo dos 10 graus Celsius e pode atingir os 5 graus Celsius. A temperatura média anual é de 27 graus Celsius e a mínima de 17 graus Celsius. Esta diversidade climática corresponde ao potencial turístico representado por um património natural rico em flora e fauna diversificadas, que permite a prática de todo o tipo de actividades, como o lazer e a aventura.

Clima e tempo médio durante todo o ano em Ondjiva, Angola(MTTICS, 2019)

Em Ondjiva, a estação das chuvas é maioritariamente nublada, a estação seca é maioritariamente clara e faz muito calor durante todo o ano. Ao longo do ano, a temperatura varia geralmente entre 10 °C e 37 °C e raramente desce abaixo dos 7 °C ou sobe acima dos 39 °C.

Em apoio à pontuação da praia/piscina, as melhores épocas do ano para visitar Ondjiva para actividades de clima quente são de 21 de abril a 29 de abril e de finais de agosto a meados de outubro.

Tempo de primavera em Ondjiva Angola. Fonte:
https://pt.weatherspark.com/s/78292/0/Condi%C3%A7%C3%B5es-meteorol%C3%B3gicas-m%C3%A9dias-na-primavera-em-Ondjiva-Angola.12- 04-2024.

As temperaturas máximas diárias rondam os 35 °C, raramente descendo abaixo dos 30 °C ou excedendo os 39 °C. A temperatura máxima diária média mais elevada é de 37 °C no dia 11 de outubro (Figura 1).

As temperaturas mínimas diárias aumentam 6°C, de 15°C para 21°C, e raramente descem abaixo dos 12°C ou sobem acima dos 23°C.

Para referência, no dia 10 de outubro, o dia mais quente do ano, as temperaturas em Ondjiva variam geralmente entre 19°C e 37°C, enquanto que no dia 5 de julho, o dia mais frio do ano, variam entre 10°C e 28°C.

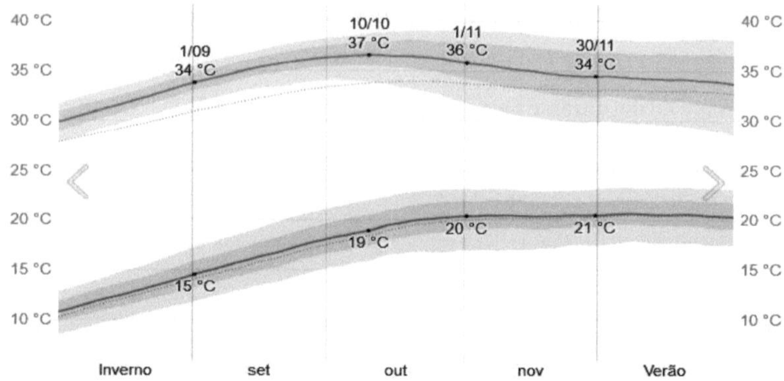

Temperaturas médias máximas (linha vermelha) e mínimas (linha azul), com intervalos entre o percentil 25 e o percentil 75 e entre o percentil 10 e o percentil 90. As linhas finas a tracejado são as correspondentes temperaturas médias percepcionadas.

Figura 1: Temperatura média máxima e mínima na primavera

A figura seguinte (figura 2) mostra uma caraterização compacta das temperaturas médias horárias durante a primavera. O eixo horizontal indica o dia e o eixo vertical indica a hora. A cor é a temperatura média para essa hora desse dia.

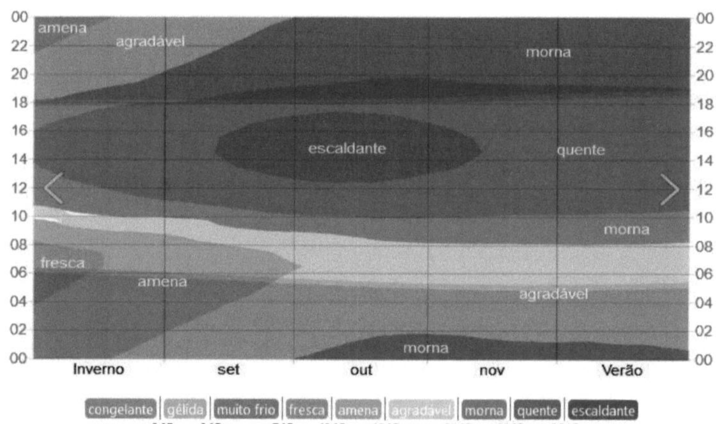

A temperatura média horária, codificada em faixas de cor. O crepúsculo civil e a noite são indicados por áreas sombreadas.

Figura 2: Temperatura média horária na primavera

Nuvens

Na primavera, em Ondjiva, a nebulosidade (Figura 3) aumenta drasticamente. A percentagem de tempo em que o céu está nublado ou quase nublado aumenta de 11% para 58%.

O dia mais claro da primavera é 5 de setembro, com céu limpo, muito limpo ou parcialmente nublado em 89% das vezes. Para referência, em 28 de janeiro, o dia mais nublado do ano, a probabilidade de céu nublado ou muito nublado é de 73%, enquanto em 12 de junho, o dia menos nublado do ano, a probabilidade de céu limpo, quase limpo ou parcialmente nublado aumenta para 93%.

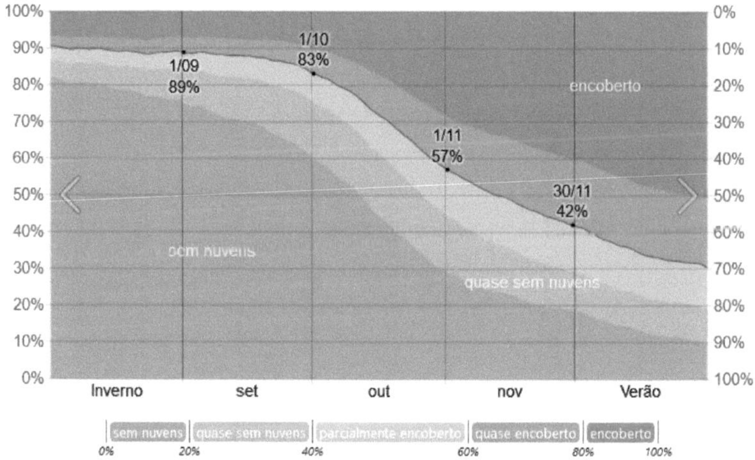

A temperatura média horária, codificada em faixas de cor. O crepúsculo civil e a noite são indicados por áreas sombreadas.

Figura 3: Categorias de cobertura de nuvens na primavera

Precipitação

Um dia com precipitação é considerado como um dia em que a precipitação líquida mínima ou o equivalente líquido é de 1 milímetro. Em Ondjiva, a probabilidade de um dia de chuva durante a primavera aumenta muito rapidamente, começando em 0 % e terminando em 24 %. Como referência, a probabilidade anual mais elevada de um dia de chuva é de 43 % em 26 de janeiro, e a probabilidade mais baixa é de 0 % em 22 de julho. (figura 4)

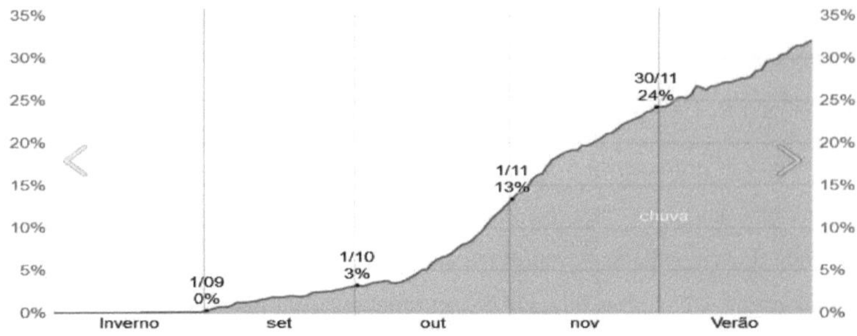

Percentagem de dias em que se observam vários tipos de precipitação, com exceção de quantidades insignificantes: apenas chuva, apenas neve e mista (chuva e neve no mesmo dia).

Figura 4: Probabilidade de precipitação na primavera

Chuva

Para demonstrar a variação dentro da estação e não apenas os totais mensais, mostramos a precipitação acumulada durante um período contínuo de 31 dias em torno de cada dia (Figura 5). A precipitação média móvel de 31 dias durante a primavera em Ondjiva aumenta rapidamente, começando a estação com 2 milímetros, quando raramente excede 5 milímetros, e terminando a estação com 15 milímetros, quando raramente excede 35 milímetros, quando raramente excede 3 milímetros. polegadas, ou menos de 6 milímetros.

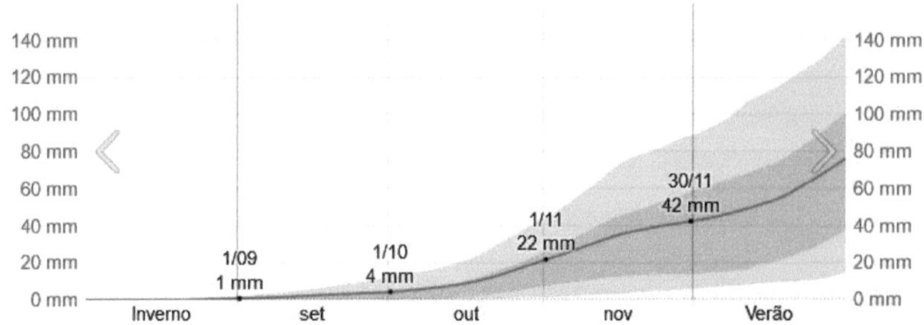

Precipitação média (linha sólida) acumulada durante o período contínuo de 31 dias em torno do dia em questão, com intervalos entre o percentil 25 e o percentil 75 e entre o percentil 10 e o percentil 90. A linha fina a tracejado é a queda de neve média correspondente.

Figura 5: Precipitação média mensal na primavera

Sol

Durante a primavera em Ondjiva, a duração do dia aumenta rapidamente. Do início ao fim da estação, a duração do dia aumenta em 1 hora e 17 minutos, o que resulta num aumento médio diário de 51 segundos e num aumento semanal de 5 minutos e 59 segundos. O dia mais curto da primavera é o dia 1 de setembro, com 11 horas e 47 minutos de luz solar. O dia mais longo é 30 de novembro, com 13 horas e 4 minutos de luz solar (Figura 6).

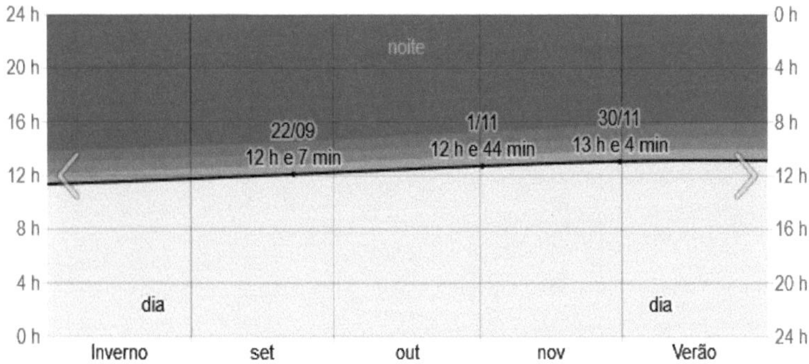

Número de horas em que o sol é visível (linha preta). De baixo (mais amarelo) para cima (mais cinzento), as faixas coloridas indicam: luz solar total, crepúsculo (civil, náutico e astronómico) e noite total.

Figura 6: Horas de luz do dia e crepúsculo na primavera

O nascer do sol mais tardio na primavera em Ondjiva é às 6:03 de 1 de setembro e o nascer do sol mais cedo é 50 minutos mais cedo, às 5:13 de 24 de novembro. O primeiro pôr do sol é às 17:50 de 1 de setembro e o último pôr do sol é 27 minutos mais tarde, às 18:17 de 30 de novembro. A hora de verão não é observada em Ondjiva em 2024.

A título de referência, no dia 21 de dezembro, o dia mais longo do ano, o Sol nasce às 05:20 e põe-se 13 horas e 9 minutos depois, às 18:29, enquanto no dia 20 de junho, o dia mais curto do ano, o Sol nasce às 6:25 e põe-se 11 horas e 7 minutos depois, às 17:32.

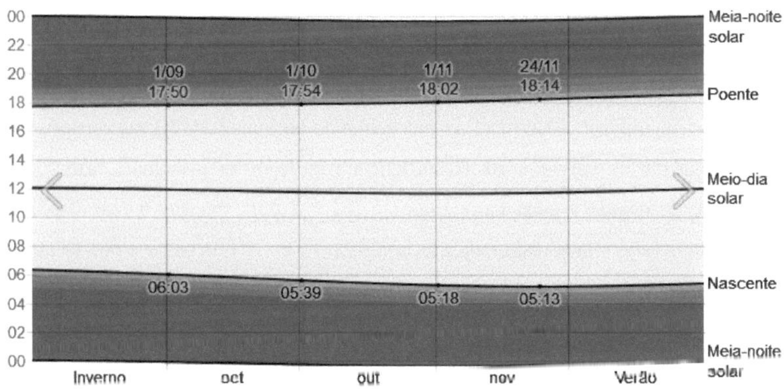

O dia solar na primavera. De baixo para cima, as linhas pretas representam a meia-noite solar anterior, o nascer do sol, o meio-dia solar, o pôr do sol e a meia-noite solar seguinte. O dia, o crepúsculo (civil, náutico e astronómico) e a noite são indicados por faixas de cor que vão do amarelo ao cinzento.

Figura 7: Nascer e pôr do sol com crepúsculo na primavera

A figura seguinte (figura 8) mostra uma representação compacta da elevação do sol (o ângulo do sol acima do horizonte) e do azimute (a leitura da bússola) para cada hora de cada dia do período de referência. O eixo horizontal indica o dia do ano e o eixo vertical indica a hora do dia. Para cada dia e hora do dia, a cor de fundo indica o azimute do sol nessa altura. As isolinhas são contornos de elevação solar constante.

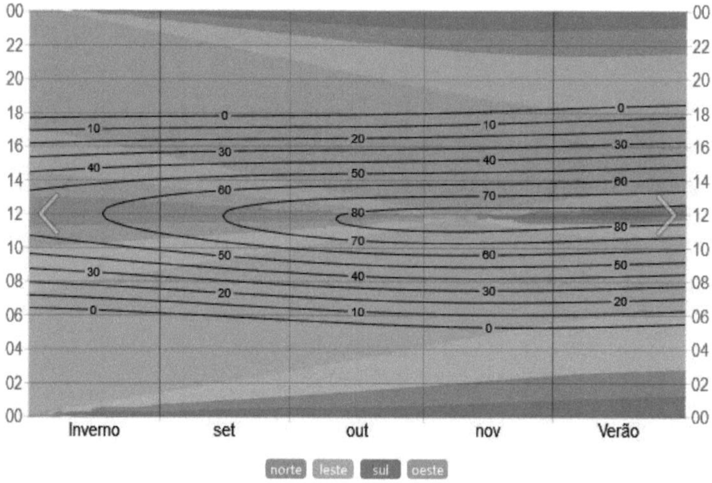

Elevação solar e azimute na primavera de 2024. As linhas pretas são linhas de elevação solar constante, ou seja, o ângulo do sol acima do horizonte, em graus. Os fundos coloridos indicam o azimute (leitura da bússola) do Sol. As áreas mais fracas nos limites dos pontos cardeais indicam as direcções intermédias implícitas (nordeste, sudeste, sudoeste e noroeste).

Figura 8: Elevação solar e azimute na primavera.

Lua

A figura seguinte (figura 9) é uma representação compacta de dados lunares importantes para a primavera de 2024. O eixo horizontal indica o dia e o eixo vertical indica a hora do dia. As áreas coloridas indicam quando a Lua está acima do horizonte. As barras verticais cinzentas (Luas Novas) e as barras azuis (Luas Cheias) indicam as principais fases da Lua. A informação associada a cada barra indica o dia e a hora em que a fase é atingida e a informação horária relacionada indica as horas das fases. A Lua nasce e põe-se no intervalo de tempo mais próximo quando a Lua está acima do horizonte.

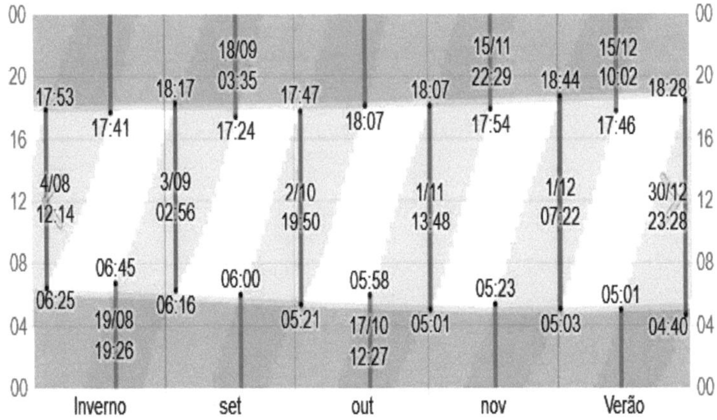

O tempo que a Lua permanece acima do horizonte (área azul clara), como indicado pelas Luas Novas (linhas cinzentas escuras) e Luas Cheias (linhas azuis). O crepúsculo civil e a noite são indicados por áreas sombreadas.

Figura 9: Nascer da lua, pôr da lua e fases da lua na primavera

Humidade

Baseamos o nível de conforto de humidade no ponto de orvalho, uma vez que este determina se a transpiração se evapora da pele e, consequentemente, arrefece o corpo. Pontos de orvalho mais baixos resultam numa sensação mais seca. Pontos de orvalho mais elevados resultam numa sensação de maior humidade. Ao contrário da temperatura, que geralmente varia significativamente de dia para noite, o ponto de orvalho tende a mudar mais lentamente. Assim, embora a temperatura possa descer durante a noite, um dia húmido é normalmente seguido de uma noite húmida.

A probabilidade de um determinado dia ser abafado em Ondjiva aumenta gradualmente durante a primavera, passando de 0 % para 3 % ao longo da estação. A título de referência, no dia 6 de março, o dia mais abafado do ano, as condições são abafadas em 25% das vezes. Em 21 de maio, o dia menos abafado do ano, as condições são abafadas em 0% do tempo (Figura 10).

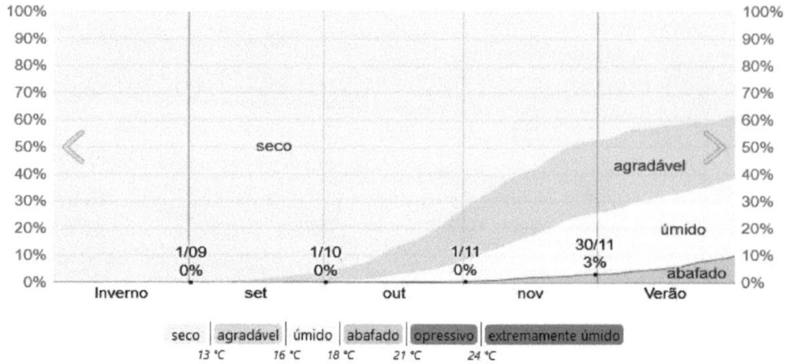

A percentagem de tempo passado em vários níveis de conforto de humidade, categorizados por ponto de orvalho.

Figura 10: Níveis de conforto de humidade na primavera

ventos

Esta secção analisa o vetor médio horário do vento (velocidade e direção) numa vasta área a 10 metros acima do solo. A sensação do vento num determinado local depende muito da topografia local e de outros factores. A velocidade e a direção do vento num instante variam muito mais do que as médias horárias (figura 11).

A velocidade média horária do vento em Ondjiva diminui rapidamente durante a primavera, passando de 15,1 quilómetros por hora para 11,4 quilómetros por hora ao longo da estação. A título de referência, no dia 15 de julho, o dia com os ventos mais fortes do ano, a velocidade média do vento para o dia é de 15,3 quilómetros por hora, enquanto no dia 7 de março, o dia com menos ventos do ano, a velocidade média do vento é de 15,3 quilómetros por hora. A velocidade do vento durante o dia é de 10,6 quilómetros por hora. A velocidade média diária máxima do vento na primavera é de 15,3 quilómetros por hora no dia 7 de setembro.

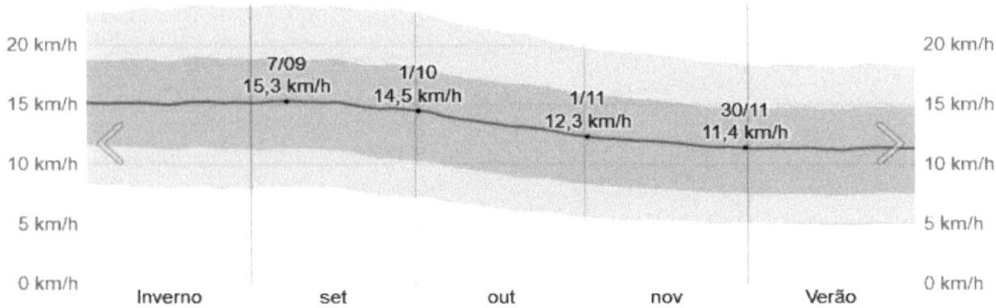

Velocidade média horária do vento (linha cinzenta escura), com intervalos do percentil 25 ao percentil 75 e do percentil 10 ao percentil 90.

Figura 11: Velocidade média do vento na primavera

A figura 12 mostra que a direção média horária do vento em Ondjiva na primavera é predominantemente de leste, com a proporção mais elevada de 64 % em 1 de setembro.

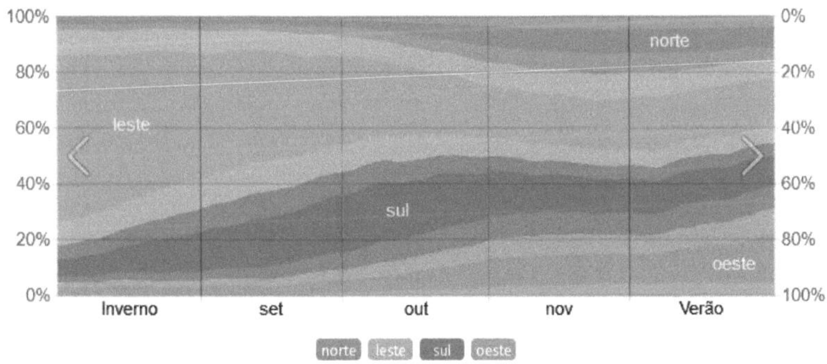

A percentagem de horas em que o vento tem uma direção média de cada uma das quatro direcções cardeais, exceto nas horas em que a velocidade média do vento é inferior a 1 milha por hora. As áreas mais cinzentas nas intersecções indicam a percentagem de horas passadas nas direcções intermédias implícitas (nordeste, sudeste, sudoeste e noroeste).

Figura 12: Direção do vento na primavera

Época de crescimento

As definições da estação de crescimento variam em todo o mundo. Para efeitos deste relatório, a nossa definição é o período contínuo mais longo do ano em que as temperaturas estão livres de geada (≥ 0°C) (o ano civil no hemisfério norte e 1 de julho a 30 de junho no hemisfério sul). As temperaturas em Ondjiva são suficientemente quentes ao longo do ano para que faça sentido analisar o período vegetativo nesta perspetiva. No entanto, incluímos o gráfico seguinte para ilustrar a distribuição das temperaturas ao longo do ano (figura 13).

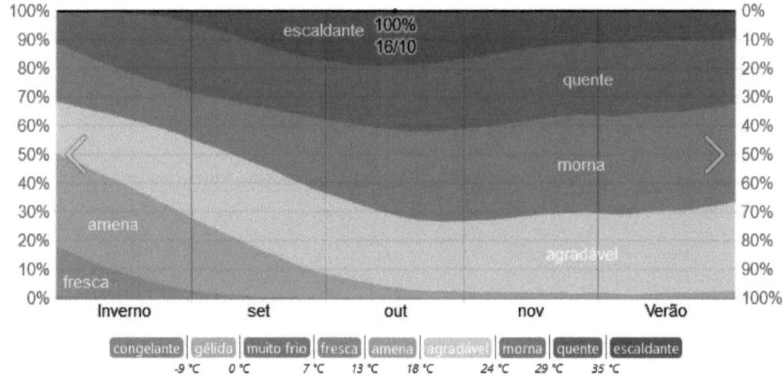

A percentagem de tempo passado nas diferentes gamas de temperatura. A linha preta é a percentagem de probabilidade de um determinado dia pertencer à estação de crescimento.

Figura 13: Tempo passado em diferentes faixas de temperatura e estação de crescimento da primavera

Os graus-dia são uma medida de acumulação anual de calor utilizada para prever o desenvolvimento de animais e plantas, definida como a integral do calor acima da temperatura de base, descartando qualquer excesso acima de uma temperatura máxima. Neste relatório, usamos uma base de 10°C e um máximo de 30°C. A média acumulada de graus-dia de crescimento em Ondjiva aumenta muito rapidamente durante a primavera, subindo 1.404°C, de 616°C para 2.020°C ao longo da estação (figura 14).

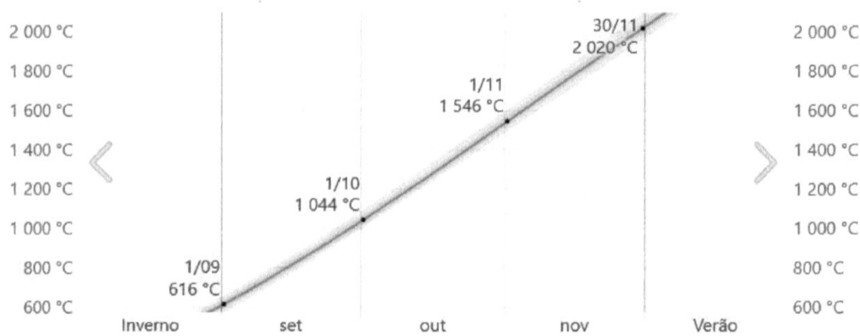

Média de graus-dia acumulados durante a primavera, com intervalos de percentil de 25 a 75 e de 10 a 90.

Figura 14: Graus-dia de crescimento na PrimaveraInverno

Energia solar

Esta secção analisa o total diário de energia solar de ondas curtas incidente que atinge a superfície do solo numa vasta área, tendo em conta as variações sazonais no comprimento do dia, a elevação do sol acima do horizonte e a absorção por nuvens e outros elementos atmosféricos. A radiação de onda curta inclui a luz visível e a radiação ultravioleta . A energia solar média diária incidente de ondas curtas em Ondjiva aumenta gradualmente na primavera, aumentando 0,6 kWh, de 6,5 kWh para 7,2 kWh ao longo do mês. A média diária mais elevada de energia solar de ondas curtas incidente na primavera é de 7,4 kWh em 11 de outubro (Figura 15).

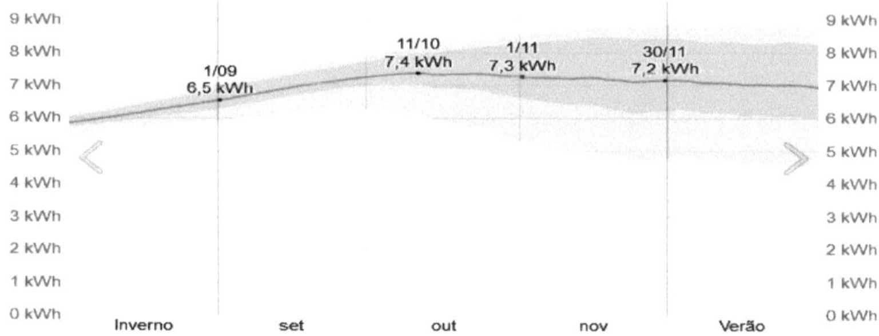

Energia solar média de ondas curtas que atinge o solo (linha laranja), por metro quadrado, com intervalos entre o percentil 25 e o percentil 75 e entre o percentil 10 e o percentil 90.

Figura 15: Média diária da energia solar de ondas curtas incidente na primavera

Topografia

Para efeitos do presente relatório, as coordenadas geográficas de Ondjiva são: latitude: -17,067°, longitude 15,733° e altitude: 3500 pés. A topografia num raio de 3 quilómetros de Ondjiva é basicamente plana, com uma diferença de elevação máxima de 11 metros e uma altitude média acima do nível do mar de 1.114 metros. Num perímetro de 16 quilómetros, a superfície é também basicamente plana (28 metros). Num perímetro de 80 quilómetros, a superfície é basicamente plana (85 metros). A área num raio de 2 milhas de Ondjiva é coberta por prados (92%); num perímetro de 16 quilómetros, por pastagens (90%). Finalmente, num perímetro de 80 quilómetros, por pastagem (81%).

Sobre o termo sistema de informação

A finalidade da informação e a sua importância como recurso indispensável para a sociedade tem sido abordada por múltiplos autores em diferentes circunstâncias e contextos, uma vez que se tornou um fator essencial para a ação humana na sociedade moderna (Harrell, 2001).

A literatura especializada apresenta uma diversidade de definições deste termo devido às diferentes abordagens da atividade humana, o que resultou na falta de consenso entre os autores para encontrar uma definição única, formalmente reconhecida ou generalizada.

De acordo com Rosales (2001), esta diversidade de definições pode dever-se a factores relacionados com o facto de o ser humano, ao desenvolver as suas ideias, teorias e conceitos, estar sob a influência da sua experiência pessoal no campo de conhecimento em que está envolvido e, por isso, apresentar diferentes pontos de vista; o contexto em que os estudos são realizados (tempo, espaço e condições concretas), que impõem percepções diferentes entre os sujeitos; e diferenças na intencionalidade ou atitude implícita das pessoas cujos propósitos são específicos.

Segundo Pernía e Fornés (2009), um sistema de informação é um conjunto integrado de processos, principalmente formais, desenvolvidos num ambiente utilizador-computador que, operando sobre um conjunto de dados estruturados (base de dados) de uma organização, recolhem, processam e distribuem seletivamente a informação necessária ao normal funcionamento da organização e das suas actividades de gestão.

A informação é um agente importante na modificação dos comportamentos existentes na organização; a sua correta gestão é um instrumento fundamental para a tomada de decisões, formação de pessoal, avaliação de produtos, determinação de erros e controlo de processos, pelo que é considerada um recurso intangível vital para o desenvolvimento da organização (Villalpando, 2024).

Desenvolver e atualizar regularmente um sistema de informação sobre insegurança alimentar e vulnerabilidade que indique as áreas e populações a nível local que sofrem ou estão em risco de fome e desnutrição e os elementos que contribuem para a insegurança alimentar, utilizando ao máximo os dados existentes e outros sistemas de informação, permitiu o desenvolvimento do VAM, Análise e Mapeamento da Vulnerabilidade à Insegurança Alimentar em Angola (Montenegro e Lujan, 2018).

O potencial de desenvolvimento deste território baseia-se nos resultados oferecidos pelos indicadores de diagnóstico vistos na perspetiva da resiliência, ou seja, a capacidade de recuperação do ecossistema agrícola, tendo em conta o grau de exploração a que foi, está ou será sujeito, e está intimamente relacionada com a vulnerabilidade do ecossistema agrícola, que pode ser avaliada numa escala de Alta, Média e Baixa (PNUD,2006).

Vulnerabilidade: a probabilidade de um declínio acentuado do acesso aos alimentos ou dos níveis de consumo abaixo de determinados valores críticos. Nos termos e para os efeitos com que o PAM cumpre a sua missão e orienta as suas acções para as avaliações da vulnerabilidade à insegurança alimentar, a vulnerabilidade é definida como uma medida adicional, para uma dada população ou região, do risco de exposição à insegurança alimentar e da capacidade da população para fazer face às suas consequências:

VULNERABILIDADE = RISCO + CAPACIDADE DE RESPOSTA

Riscos. Trata-se de processos negativos ou nocivos que ocorrem como consequência dos próprios fenómenos naturais ou da reação do meio ambiente à manipulação inadequada que o homem pode frequentemente fazer dele.

Factores de risco: Escolha dos eventos que constituem as situações de maior impacto na região e que são determinantes na situação agro-económica (Montenegro e Luján, 2018).

A este respeito, são identificados os riscos decorrentes de fenómenos meteorológicos extremos, nomeadamente:

- ✓ As secas, como fenómenos que resultam geralmente de desequilíbrios extremos entre a variável evaporação e a variável precipitação ao longo do tempo e que têm apresentado taxas de manifestação mais comuns em períodos mais longos.
- ✓ Processos de desertificação, associados ao avanço de fenómenos que degradam os recursos do solo.
- ✓ Caraterísticas do relevo, ou a transformação antrópica do ambiente que produz perdas na capacidade de drenagem natural do território ou na capacidade de absorção do solo, com a ocorrência de eventos meteorológicos que geram chuvas intensas.

A seleção destes factores de risco baseou-se na análise da sua probabilidade de ocorrência, intensidade, extensão espacial e outras caraterísticas particulares do fenómeno, de acordo com as séries históricas disponíveis e a informação específica registada a este respeito (Villalpando, 2024).

O fenómeno da seca, em primeira instância, é um fenómeno climático causado por uma redução da precipitação que se manifesta lentamente, afectando as pessoas, as actividades económicas e o ambiente em geral, é um evento que ocorre quando a disponibilidade de água doce, proveniente da chuva, rios, lagoas, reservatórios subterrâneos (todas as fontes), é continuamente inferior aos valores habituais.

No vocabulário meteorológico internacional (Montenegro e Luján, 2018), a seca é definida como "um período de condições climatéricas anormalmente secas, suficientemente prolongado para que a falta de precipitação provoque um desequilíbrio hidrológico grave". Risco de inundação. As inundações, que são geralmente causadas por chuvas torrenciais que acompanham determinados fenómenos meteorológicos, são uma das principais causas de danos significativos na agricultura e na produção alimentar em algumas zonas.

Outros problemas associados, como as modificações do solo causadas por práticas agrícolas inadequadas, a exploração madeireira, os incêndios, a urbanização e outras intervenções ambientais inadequadas ou combinações destas, contribuem para o aumento do risco de inundação. Capacidade de resposta.

É de salientar que este índice depende exclusivamente de factores climáticos e não tem em conta as caraterísticas hidrofísicas dos solos e da vegetação. Com toda esta informação, seria produzido um Boletim de Monitorização Agrometeorológica decenal, que seria uma ferramenta muito importante para a tomada de decisões no sector agrícola. Elaboração de um boletim decenal de monitorização agro-climática que reúna o comportamento das variáveis climáticas actuais e forneça perspectivas para a próxima década, bem como as condições agro-meteorológicas para as diferentes culturas.

III. MATERIAIS E MÉTODOS

3.1 Localização

Cuanhama é um município da província do Cunene, em Angola, que tem a sua sede na cidade de Ondijiva, sendo a capital da província. Tem uma área de 20,255 km² e cerca de 211.000 habitantes. Limita a norte com o município do Cuvelai, a leste com o município de Menongue, a sul com o município de Namacunde e a oeste com o município de Ombadja. O município é constituído pela comuna sede, que corresponde à cidade de Ondijiva, e pela integração das comunas de Môngua, Evale, Nehone Cafima e Simporo.

3.2 Caracterização do desenvolvimento agrícola do município (AIPAEX, 2024)

o clima

Semi-desértico, tropical seco; megatérmico, com precipitações irregulares que não ultrapassam os 600 mm por ano. A temperatura média anual é de 23 graus Celsius, com grandes variações diárias de temperatura. A maior concentração de precipitação ocorre entre dezembro e abril, com grandes irregularidades na sua distribuição.

Atividade agrícola

A agricultura é de sequeiro, baseada nas culturas de massango e massambala. Existem atualmente 51.650 explorações agrícolas familiares na província com uma área total cultivada de 77.475 ha. Dos quais 43% são cultivados anualmente. A criação de gado é bem conhecida como a atividade produtiva mais importante no Cunene, estimada em mais de 1.000.000 de cabeças de gado. A maioria dos rebanhos é propriedade de criadores tradicionais e o rebanho é mantido extensivamente utilizando pastagens naturais que determinam a disponibilidade de água em primeiro lugar e o potencial para o gado de pastoreio. As limitações periódicas de um destes factores levam à deslocação dos rebanhos de gado para zonas de transumância que variam no espaço e no tempo.

A pesca artesanal desempenha um papel importante no abastecimento de peixe às populações rurais e contribui para melhorar a dieta das comunidades. Esta atividade é praticada principalmente no rio Cunene com baixas taxas de captura devido ao fraco suporte das artes de pesca (linhas, anzóis, bóias, pesos, redes, etc.).

Esta investigação enquadra-se no projeto "Avaliação Integral Participativa da Agricultura e Pecuária Familiar na Província do Cunene, Angola" (DIPAF), que está a ser realizado em quatro municípios (Namacunde, Cuvelai, Ombanja e Cuanhama) da Província do Cunene, executado e coordenado pelo Instituto Politécnico de Ondjiva.

O objetivo é expor o procedimento metodológico que permite a melhoria do Sistema de Informação das variáveis climatológicas no município do Cuanhama para que constitua um instrumento de tomada de decisão pelos decisores sociais. Para a realização da pesquisa são sugeridos os seguintes passos metodológicos:

1. Seleção da área de estudo.
2. Recolha de informações.
3. Tratamento e análise da informação.
4. Produção do boletim decenal que contém um sistema de informação das variáveis climatológicas.

3.3 Seleção da zona de estudo.

Os critérios de seleção do Cuanhama estão relacionados com a sua condição de município rural, a predominância de actividades agrícolas, o impacto de fenómenos climáticos adversos que o tornam um ecossistema frágil com elevada vulnerabilidade à seca, desertificação e inundações.

Por outro lado, o interesse das autoridades governamentais do território em resolver o problema do desenvolvimento regional com uma abordagem sustentável baseada na atividade agrícola. Estes critérios correspondem aos objectivos do projeto DIPAF.

3.4 Recolha de informações

Para a recolha de informação, foram entrevistados os decisores sociais; foi necessário procurar informação secundária através da revisão de documentos, dados sobre os solos e estudos efectuados por outras organizações. Foram definidas as seguintes variáveis meteorológicas e as suas modalidades:

a) <u>Variável temperatura:</u> É o valor registado no momento da leitura, é um índice indicativo do aquecimento ou arrefecimento do ar resultante da troca de calor entre a atmosfera e a terra, indica em valores numéricos o nível de energia interna que se encontra num local nesse momento, além disso, está em equilíbrio entre o sistema (plantas, animais, etc.) e o ambiente (ar) (Villalpando, 2024).

- ✓ *Temperatura máxima média:* é obtida a partir da máxima registada nos registos horários de 24 horas resultantes da leitura da banda do termógrafo. Estes registos são comparados com a leitura máxima do termómetro de mercúrio.

- ✓ *Temperatura mínima média:* é obtida a partir da mínima registada nos registos horários de 24 horas resultantes da leitura da banda termográfica. Estes registos são comparados com a leitura mínima do termómetro de álcool.

b) Humidade relativa variável: a humidade é medida pelo teor de água na atmosfera, medido com um higrómetro. Pernía e Fornés (2009).

(c) Precipitação: qualquer quantidade de água meteórica recolhida à superfície da Terra (Villalpando, 2024).

3.5. Processamento e análise de dados.

Para o tratamento da informação de cada variável e das suas modalidades, foi criada uma base de dados em Excel com a informação recolhida sobre as variáveis climáticas para os dez anos analisados e o ano de verificação, ver (anexo 1), o que permitiu a criação de gráficos de linhas com marcadores de forma a mostrar as tendências ao longo do tempo e o seu comportamento durante o período analisado.

3.6. Produção do boletim decenal contendo um sistema de informação de variáveis climatológicas.

Este boletim tem como objetivo desenvolver capacidades de informação técnica na exploração das actividades climáticas, de modo a contribuir para a melhoria dos sistemas de produção agrícola no município do Cuanhama, sem deteriorar o ambiente.

Para o tratamento dos dados obtidos, foram utilizadas ferramentas que auxiliaram na análise e processamento dos resultados, o Microsoft Excel foi implementado nos valores das variáveis, indicadores e percentagens e na elaboração das figuras.

IV. RESULTADOS E DEBATE

O comportamento do clima, especialmente no que respeita à ocorrência de fenómenos extremos, é de interesse vital para a vida social humana. As suas consequências reflectem-se em muitos domínios diferentes da economia nacional, mas muito especialmente na agricultura, que pode ser considerada como uma grande fábrica a céu aberto em que todas as actividades aí desenvolvidas dependem do tempo e do clima (Montenegro e Luján, 2018).

4.1 Comportamento médio mensal histórico das variáveis climatológicas na área de estudo de 2013 a 2022

Temperatura máxima

Relativamente à variável temperatura máxima média histórica, correspondente ao período de 2013 - 2023 (dez anos), observa-se que os meses com temperaturas mais elevadas corresponderam aos meses de janeiro, setembro, outubro, novembro e dezembro com valores como: 35,5, 37,9, 38,9, 38,7 e 37,4 °C respetivamente e que no ano em comparação (2023) os valores de temperatura máxima corresponderam aos meses de setembro, outubro e novembro com valores de 34,1, 37,1 e 33,3 °C (figura 16).

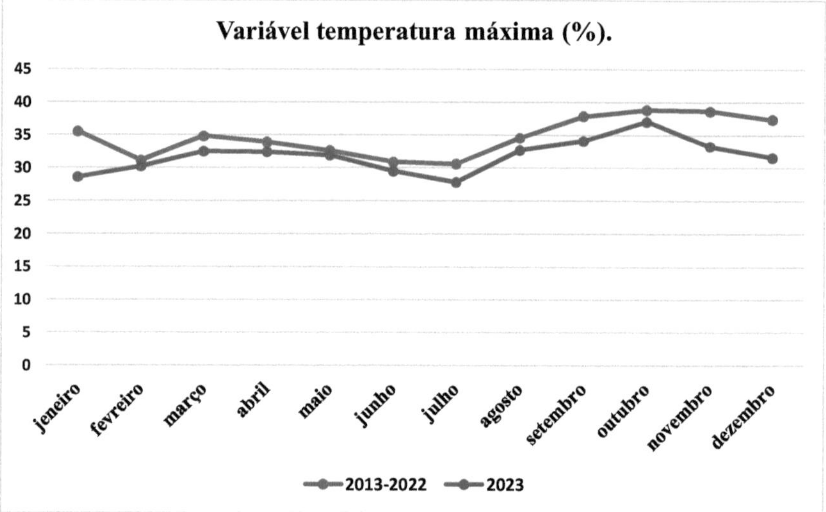

Figura 16: Análise da temperatura máxima em 2023 em relação à média histórica (2013-2022).

Os resultados apresentados no ano de 2023 em relação à média histórica foram menores em todos os meses, com resultados variando de 0,9 °C a 6,9 °C, sendo a temperatura média histórica de 34,7 °C e no ano analisado de 31,8 °C.

Symborg (2024), explica que a incidência de temperaturas elevadas é um fenómeno que veio para ficar como consequência das alterações climáticas e que afecta negativamente as pessoas, os animais e também as plantas, pelo que, nas culturas, os efeitos do calor estão intimamente ligados à diminuição da produção, consequência do stress fisiológico e metabólico provocado pela cultura. Temperaturas muito elevadas, por exemplo, acima dos 40 °C, podem provocar uma paragem metabólica nas culturas, que impede a transferência de nutrientes, o que tem um efeito muito negativo no desenvolvimento do fruto, que verá o seu potencial de crescimento muito afetado. Limitação da capacidade de atingir tamanhos comerciais. Estima-se que um aumento de 1ºC na temperatura média anual pode provocar uma diminuição da produtividade das culturas entre 4 e 10%.

Além disso, é importante explicar, segundo este autor, que o "stress abiótico" consiste em factores ambientais que alteram os processos fisiológicos, morfológicos e bioquímicos das culturas, destes factores abióticos o que mais afecta o stress das plantas é a temperatura, tanto alta como baixa. Assim, devem ser tomadas medidas e adoptadas práticas agrícolas para reduzir os efeitos das altas temperaturas, como por exemplo, melhorar a gestão da água e utilizar tecnologias inovadoras como a biotecnologia, com soluções biológicas desenvolvidas a partir de microorganismos e biomoléculas. A biotecnologia, com soluções biológicas desenvolvidas a partir de microrganismos e biomoléculas, ajuda a garantir a produtividade e a rentabilidade das culturas de uma forma sustentável e respeitadora do ambiente, mesmo em condições adversas.

Onde, com a utilização de bioestimulantes apoiados pelo fungo único formador de micorriza arbuscular (FMA) Glomus iranicum var tenuihypharum. Este fungo estabelece uma relação simbiótica de longa duração, na qual o fungo troca água e nutrientes com a planta em troca de açúcares derivados da fotossíntese, os estomas da planta abrem-se durante mais tempo, mesmo em condições extremas, e a planta pode continuar a completar os seus ciclos metabólicos e aumentar o tamanho dos seus frutos.

4.1.2 Temperatura mínima

Na média histórica (2013-2022) analisada observa-se que a média mensal em todos os meses foi inferior à média apresentada no ano de 2023, valor este, mas os mínimos registados na média histórica foram os meses de junho, julho e agosto, com valores a oscilar entre 6,5. 7,6 e 8,7 °C, em relação ao ano de comparação (2023) os valores mais baixos também corresponderam aos mesmos meses (junho, julho e agosto) com valores de 10,1, 9,9 e 13,5 °C respetivamente (Figura 17).

Os valores de temperatura mínima apresentados no ano comparativo (2023) foram mais elevados em todos os meses do que os apresentados no semestre histórico (2013 - 2022), onde os valores oscilaram entre 2 e 6,4 °C mais elevados em todos os meses (Figura 17).

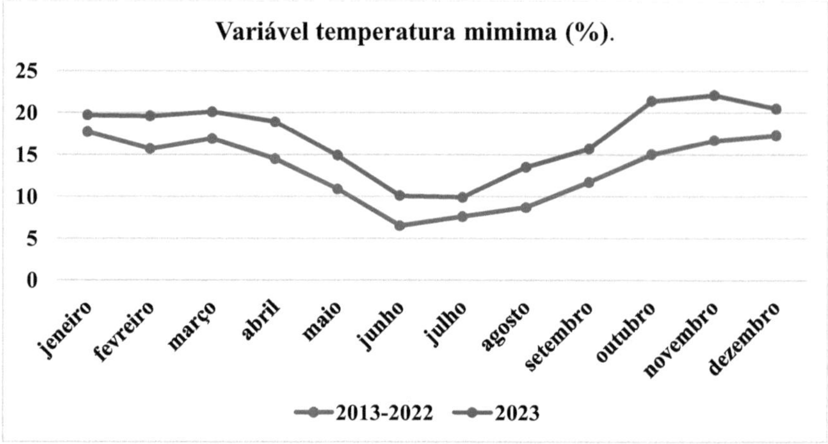

Figura 17: Análise da temperatura mínima para o ano de 2023 em relação à média histórica (2013-2022).

Este facto corrobora Vinhas et al. (2024), que afirmaram que, em 2023, a temperatura média da superfície da Terra foi a mais quente de que há registo, de acordo com uma análise da NASA. As temperaturas globais do ano passado foram cerca de 1,2 graus Celsius (2,1 graus Fahrenheit) acima da média para o período de referência da NASA (1951 a 1980), relataram cientistas do Instituto Goddard de Pesquisa Espacial (GISS) da NASA em. Nova Iorque.

Este facto corrobora o aumento das temperaturas mínimas em relação aos dados históricos analisados, mantendo-se acima destes, ou seja, verifica-se um aumento das temperaturas mínimas, aspeto que influencia o desenvolvimento das culturas e dos animais na agricultura.

Por outro lado, a FAO. (2024), explica que entre os factores climáticos que influenciam o cultivo e a produção está a temperatura, que deve oscilar entre 18 e 25 °C (e a temperatura mínima média para o ano de 2023 foi de 17,2 °C, ou seja, óptima para o desenvolvimento das culturas), para que a planta se desenvolva adequadamente e produza os seus frutos com a maior qualidade e rendimento possíveis. Abaixo ou acima desta temperatura óptima, a planta não se pode desenvolver corretamente e a cultura pode não realizar o seu ciclo biológico normal e não atingir o seu potencial máximo de rendimento.

Segundo a empresa Nutricontrol (2020), uma das acções que devemos incrementar hoje em dia é a produção de culturas em estufas, como o controlo das condições climáticas para garantir um melhor desenvolvimento da planta, além da temperatura (juntamente com outros factores como o CO2, a iluminação, etc.) intervém em certas funções como a abertura ou o fecho dos estomas, que são essenciais nos processos vitais de fotossíntese, transpiração e respiração das plantas.

Se a temperatura no interior da estufa aumentar, a quantidade de água perdida através da transpiração também aumenta e os estomas fecham-se como método de proteção para evitar a perda excessiva de água. No entanto, este método de apoio pode ter um efeito negativo, uma vez que os estomas fechados restringem a entrada de dióxido de carbono, que é essencial para a fotossíntese.

4.1.3 Humidade relativa

A humidade relativa tem pouca variação, mantendo uma média anual de 52,7%, os meses com as percentagens mais baixas de humidade relativa no registo médio histórico são agosto e setembro (37,0 e 40,3) condicionando o aumento da humidade devido às chuvas que ocorrem no período, por uma razão semelhante nos meses de inverno a humidade relativa é mais baixa (Figura 18).

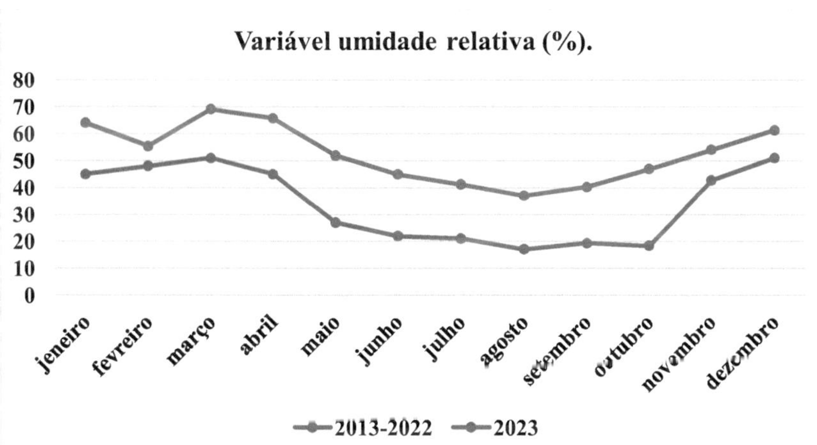

Figura 18: Análise da humidade relativa em 2023 em relação à média histórica (2013-2022).

A humidade relativa, embora baixa na média histórica corresponde aos meses de junho a outubro (44,9, 41,2, 37,0, 40,3 e 47,0 %) e no ano de 2023, os valores mais baixos de humidade relativa correspondem aos meses de maio a outubro (27,0, 22,0, 21,0, 17,0, 19,3 e 18,4%), humidade favorável ao desenvolvimento da cultura.

Isto corrobora a Wikipedia (2013) que diz que a humidade relativa (HR) é a razão entre a pressão parcial do vapor de água e a pressão de vapor de equilíbrio da água a uma dada temperatura. A humidade relativa depende da temperatura e da pressão do sistema de interesse. A mesma quantidade de vapor de água produz uma humidade relativa mais elevada no ar frio do que no ar quente. Um parâmetro relacionado é o ponto de cruzeiro.

4.1.4 Precipitação

A precipitação comporta-se de forma instável (Figura 19): a norma de precipitação anual no território médio histórico é de 449,5 mm em média, e no ano de estudo foi de 391,3 mm, o que é inferior à média histórica. No período de maio a outubro, a precipitação foi inferior a 22,9 mm para o registo histórico e a 18,5 mm no ano em estudo, o que também é inferior à média histórica.

Os valores mais elevados tanto no histórico (2013-2022) como no ano analisado (2023) foram encontrados em ambos os casos nos meses de janeiro, fevereiro, março e dezembro com valores a oscilar historicamente nos 78,2, 81,2, 114,2 e 78,4 mm respetivamente, enquanto que no ano de estudo (2023) os mesmos meses se comportaram da seguinte forma: 68,3, 79,5, 97,1 e 68,9 mm, sendo menor que a média histórica nestes meses.

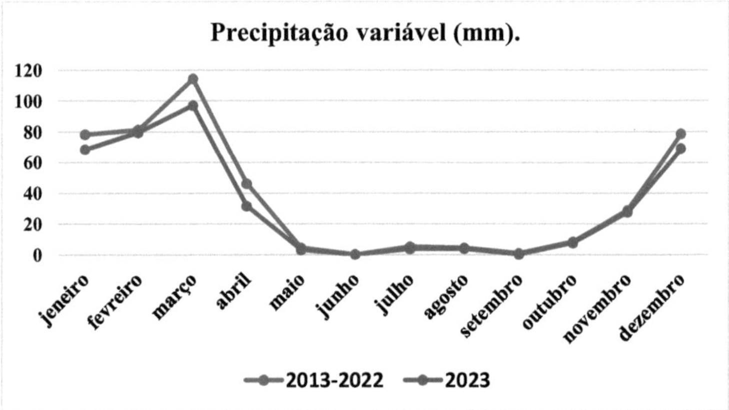

Figura 19: Análise da precipitação no ano de 2023 em relação à média histórica (2013-2022).

Quanto à precipitação, como mostra a Figura 19, não há precipitação muito elevada em cada um dos meses e em ambos os casos coincide que os meses com menor precipitação correspondem aos meses de maio a outubro, com um valor médio histórico de 4,3, 0,1, 0,1,

0,8 e 8,2 mm, com uma média mensal de 37,5 mm, 5.2, 4.3, 0.8 e 8.2 mm, com uma média mensal de 37.5 mm e no ano de 2023 os valores foram de 3.1, 0.0, 3.7, 3.9, 0.2 e 7.6 mm, sendo menos uma média mensal de 32.6 mm no ano, um pouco muito desfavorável para a agricultura e quando em zonas semi-áridas se depende tanto dela.

De acordo com Gabo (2023), a quantidade e a distribuição da precipitação afectam diretamente o rendimento e a qualidade das culturas e desempenham um papel crucial na gestão da água na agricultura. As plantas precisam de água para crescer e a precipitação é uma fonte natural deste recurso. Quando chove, os solos ficam húmidos e as raízes das plantas podem absorver os nutrientes essenciais e a água necessária para o seu crescimento. A chuva também contribui para a fotossíntese, um processo vital para a produção vegetal. A precipitação não só fornece humidade às culturas, como também influencia a gestão da água. Em regiões onde a precipitação é sazonal, os agricultores devem planear cuidadosamente quando plantar e colher com base nos padrões de precipitação.

Fernández (2016), explica que as zonas áridas e semi-áridas se caracterizam por um índice médio anual de precipitação e uma evapotranspiração potencial inferior a 0,65. Isto indica um enorme desfasamento entre a quantidade de água que pode potencialmente passar para a atmosfera através da evapotranspiração e a quantidade de água da chuva que estas zonas efetivamente recebem. Estas regiões têm uma elevada procura de evaporação atmosférica que depende principalmente da radiação solar, da pressão de vapor do ar e da velocidade do vento; por conseguinte, na maioria dos casos, a evapotranspiração é limitada pela disponibilidade de água no solo relativamente à procura atmosférica.

O principal fator limitante nas zonas climáticas áridas e semi-áridas é a disponibilidade de água. A quantidade e a disponibilidade sazonal de água são críticas para a sobrevivência e distribuição das plantas a longo prazo. Tradicionalmente, a classificação das zonas áridas, semi-áridas e húmidas baseava-se apenas na precipitação média anual (Lloyd, 1986).

De acordo com o boletim 79 da FAO (2005), neste caso é muito importante aplicar acções que favoreçam a retenção da humidade no solo, mas nestes casos de zonas semi-áridas obriga-nos a tomar medidas para manter a humidade e obter um melhor desenvolvimento das plantas, isto significa que podemos manter as culturas verdes e coloridas implementando algumas acções simples que ajudam a manter a humidade durante mais tempo, tais como

1) *Proteger as culturas do vento.* O vento acelera a desidratação das plantas. Uma forma de o evitar é instalar cortinas quebráveis, cercas ou outros elementos que formem telas de proteção.
2) *Faça canais de infiltração ou chimpacas.* Isto permitirá que o solo armazene água e sobreviva às secas. Os algerozes são muito funcionais para as plantas suspensas porque reduzem a perda de água em 85%. Também fazem com que a água demore a cair, dando-lhe tempo para ser absorvida pelo solo, como as chimpacas.
3) *Incorporar matéria orgânica.* Completar periodicamente o solo com composto fornece matéria orgânica, o que aumenta a sua porosidade.
4) *Manter o que estou habituado a fazer com o mulching no verão e no inverno.* A colocação de uma camada de folhagem de 5 cm a 10 cm impede a perda de humidade por evaporação.
5) *Utilizar hidrogéis.* Os hidrogéis, também conhecidos como "retentores de água", são polímeros que têm a capacidade de absorver até 400 vezes o seu peso e de produzir grandes quantidades de água e outras soluções aquosas sem se dissolverem. A sua utilização em pomares, jardins e contentores ajuda a melhorar a capacidade de retenção de água dos solos, favorecendo o crescimento das plantas.

Tentar cultivar plantas autóctones é outra grande dica a ter em conta. Estas serão capazes de crescer com pouca água e no solo semi-árido que caracteriza a nossa província. Desta forma, estaremos a fazer uma utilização mais racional dos recursos, bem como a manter o nosso ambiente na sua harmonia natural.

4.2 Elaboração do boletim de acompanhamento agrometeorológico de dez em dez anos

Um sistema de informação das variáveis climáticas, juntamente com outras informações que chegam aos produtores, é de importância vital para obter melhores resultados na sua produção.

Objetivo geral

Produzir um boletim decenal que contenha um sistema de informação sobre as variáveis climáticas favoráveis aos produtores que possam tomar decisões sobre a sua produção.

Justificação

A localidade de Ondjiva possui zonas onde se encontram diferentes sistemas de produção agrícola, que constituem um pilar tanto da atividade económica como da segurança alimentar local. A região é afetada por uma variabilidade climática elevada e muitas vezes extrema, o que produz condições limitantes para a produção agrícola. Além disso, a falta de desenvolvimento e de adoção de tecnologias adequadas afecta a produtividade. Esta situação é agravada por infra-estruturas deficientes e por um acesso limitado aos mercados.

A criação deste boletim não é um mecanismo de elementos fixos para informar, os fundamentais são as variáveis climáticas, mas em cada uma delas foram mostrados aspectos positivos para que os produtores possam melhorar seus resultados produtivos, além de fornecer informações favoráveis às práticas agroecológicas. e em favor do cuidado com o meio ambiente, bem como métodos, preparação e aplicação de fertilizantes orgânicos e naturais e inseticidas em suas produções, entre os diferentes aspectos que serão informados neste boletim, que será sempre sujeito a comentários positivos para sua melhor compreensão.

Boletim informativo

UNIVERSIDADE MANDUME YA NDEMUFAYO

UMN

INSTITUTO POLITÉCNICO DE ONDJIVA

DEPARTAMENTO DE ENGENHARIA AGRONÓMICA.

BOLETIM DECENAL DE INFORMAÇÃO AGRO-CLIMÁTICA
MUNICÍPIO DE CUANHAMA. PROVÍNCIA DO CUNENE.
3 DEZEMBRO JULHO/2024

RESUMO DE DEZ ANOS

PRECIPITAÇÃO.

Não houve registos de precipitação na década analisada.

A importância é condicionada pelo aumento da seca no território, aspectos que afectam a perda da pouca água que é armazenada nas diferentes chimbacas e retida no solo (o mínimo).

Perante estes incidentes, são tomadas medidas nos diferentes pomares com vista a minimizar possíveis perdas económicas nas culturas devido ao stress hídrico, medidas essas como el) Aplicar o mínimo de mobilização das culturas, evitando a remoção da camada superficial do solo para evitar o aumento da humidade por evaporação.

b) As actividades de cobertura vegetal são uma prática importante na gestão agronómica de qualquer cultura, especialmente das hortícolas, uma vez que se trata geralmente de pequenas áreas estabelecidas em solos áridos e arenosos com problemas de escassez de água. Esta prática consiste na pulverização de erva seca, folhagem ou resíduos de culturas.

w) O aumento da matéria orgânica do solo através de culturas de cobertura com leguminosas, coberturas vegetais e composto, em vez de azoto sintético, pode ajudar a absorver a água da chuva e desenvolver a capacidade do solo para reter a humidade.

d) Aplicar irrigação de sobrevivência, com o objetivo de poupar água e poder reduzir o stress hídrico da cultura.

y) Proteger o solo, evitando queimar a casca da planta.

F) Manter medidas sanitárias rigorosas (eliminação de excrementos, lixo, controlo de insectos, etc.).

HUMIDADE RELATIVA:

Na década, oscilou entre 28,1 e 36,7%, o que corresponde a um baixo teor de humidade.

TEMPERATURAS MÁXIMAS:

A temperatura máxima situou-se entre 26,5 e 31,4 °C, com uma média de cerca de 29,4 °C, um pouco elevada para o desenvolvimento favorável das culturas, uma vez que a temperatura óptima deve situar-se entre 18 e 25 °C para que a planta se desenvolva corretamente e dê frutos.

A temperatura mínima varia entre 7,5 e 17,1 °C, com uma média de 12,74 °C.

PERSPECTIVAS AGROMETEOROLÓGICAS 1 DE AGOSTO/2024.

1. Comportamento semelhante das previsões na 1ª década de agosto/2024.

ACÇÕES A FAVOR DA AGRICULTURA.

a. Delimitar as zonas agrícolas com mastros (árvores de fruto, madeira, etc.) para atuar como quebra-ventos e assim reduzir a velocidade do vento entre as culturas.
b. Aumentar a utilização de benefícios biológicos, alcançar a agricultura ecológica.

c. Criar e aumentar a utilização de insecticidas naturais a partir de soluções locais como métodos preventivos para evitar pragas e doenças.

ADUBOS LÍQUIDOS

O adubo líquido é um adubo líquido obtido a partir da degradação da matéria orgânica em condições anaeróbias, que também resulta da preparação líquida feita a partir de composto sólido ou de composto livre. Para além do seu efeito nutricional, é utilizado como pesticida natural e estimulador do crescimento das plantas para repor os nutrientes durante o ciclo de crescimento.

Um dos suplementos líquidos fáceis de preparar é o suplemento de estrume.

Preparação do chá de estrume.

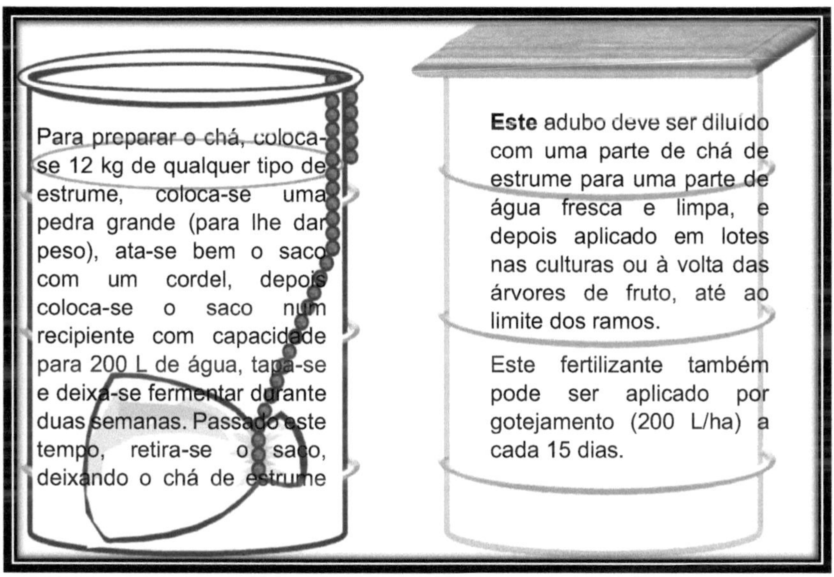

PROTEGER O AMBIENTE É TRANSCENDER E OBTER MAIS COMIDA.

V. CONCLUSÕES

1. A temperatura máxima média do ano em análise (2023) teve um valor de 31,58 ºC, sendo inferior à média histórica, o que dá um valor médio anual de 34,7 ºC, a humidade mínima no ano em análise foi 17,2 ºC superior à média histórica (13,3 ºC), a humidade relativa da média histórica 52,7% foi superior à do ano em análise, 34,0%, a precipitação em ambos os casos foi baixa embora a média histórica (37,5 mm) tenha sido superior à do ano de 2023 (32,6 milímetros).
2. É produzido um boletim agro-climático que fornece informações pormenorizadas sobre as condições climatéricas na zona, bem como elementos e informações úteis para os produtores, que lhes permitem tomar decisões favoráveis na sua produção.

VI. RECOMENDAÇÕES

1. Estabelecer a coordenação com o Centro Meteorológico Provincial para a atualização sistemática do Boletim de Monitorização Agro-climática de dez em dez anos.
2. Alargar o sistema de informação desenvolvido sobre as variáveis climatológicas à Delegação de Agricultura, Governo e Município Provincial.
3. Prosseguir com os estudos das restantes variáveis climatológicas para a criação do Sistema de Informação Geográfica.

VII. BIBLIOGRAFIA

AIPAEX (2024). Agência de Investimento Privado e Promoção das Exportações. Governo de Angola.https://www.aipex.gov.ao/PortalAIPEX/ - !/

Banco Mundial. 2008. Dados e estatísticas. Documentos na Internet. Disponível em: go.worldbank.org/WVEGH5U9W0

Cambridge, Reino Unido, **Cambridge University Press.**

Cirilo MCM, Candida LL, Yakov FCM (2021). Efeito da temperatura e precipitação na agricultura na bacia hidrográfica Coata-Puno, Peru. Revista de Pesquisa em Ciências Agrárias e Veterinárias. https://doi.org/10.33996/revistaalfa.v5i14.118. maio - agosto de 2021. Volume 5, Número 14. ISSN: 2664-0902. páginas. 285 - 296

Comissão Mundial sobre o Ambiente e o Desenvolvimento (WCED), (1987). O nosso futuro comum. Oxford, Reino Unido, Oxford University Press.

Chavarría. J., Uganda. M., Saber. A., Munos. J, Bravo. R. e Villalón, A. (2020). Necessidades hídricas do feijão-caupi (Vigna unguiculata (L.) Walp.). calculado com o coeficiente de cultura usando um lisímetro de drenagem. Science. Agri. 17(3), 111-121. https://doi.org/10.19053/01228420.v17.n3.2020.11746

Clemente Ricse, Jimmy Francisco e DIPAS MEDRANO, Edinson (2016). Efeitos das mudanças climáticas na taxa de crescimento da produção de mamão no Vale do Mantaro: 2000-2014. P. 73.

Workshop de Desenvolvimento (2011). Relatório sobre o Impacto das Alterações Climáticas em Angola, Vulnerabilidade e Adaptação, Ministério do Ambiente, Luanda.

Diccionario de lengua española [online] (2020). Disponível em: https://dle.rae.es/diccionario

Duval, V. e Campo, A. (2017). Variações microclimáticas no interior e exterior da floresta de caldena (Prosopis caldenia), Argentina. Cuadernos de Geografía; Revista Colombiana de Geografía, 26(1), 37-49. https://doi.org/10.15446/rcdg.v26n1.42372

FAO. (2007). O Estado da Alimentação e da Agricultura 2007. Rome.

FAO. (2010). Principais alterações induzidas pelo clima. Pp. 9-31.

FAO. (2024). Plantações florestais na África tropical. https://www.fao.org/4/x5374s/x5374s04.htm#TopOfPage.

Fernando, J. (2020). Salto de Sumba. Universidad del Azuay Facultad de Ciencias de La Administración.

Fernández G, J., (2016). O recurso solo-água em ambientes áridos e semiáridos. https://digital.csic.es/bitstream/10261/29768/18/fernandez.pdf

Ficha de informação sobre o sistema de informação ambiental. (1972) No. 20. Disponível em: https://www.dane.gov.co/files/investigaciones/pib/ambientales/Sima/Temperatura_maxima13.pdf.

Gosling, SN e Arnell, NW (2016). Climate change. A global assessment of the impact of climate change on water scarcity, 134(3), 371-385. https://doi.org/10.1007/s10584-013-0853-x

Governo Regional de Junín (2010). Estratégia Regional para as Alterações Climáticas, junho. P. 136.

Gutiérrez, Orbeal e Anay, Nerkys. (2019). Comportamento das variáveis meteorológicas na psoríase durante 2017.

Gutiérrez, J. e Pons, M. (2006). Modelação numérica das alterações climáticas: bases científicas, incertezas e projecções para a Península Ibérica. Cuaternario y Geomorfología: Revista de La Sociedad Española de Geomorfologia y Asociación Española Para El Estudio Del Cuaternario, 20(3), 15-8.

Guzmán-Castellanos, A.B., Morales-Bojórquez, E. e Balart, EF (2014). Estimativa do crescimento individual em elasmobrânquios: Inferência com múltiplos modelos. Hidrobiológica, 24(2), 137-150.

Painel Intergovernamental sobre as Alterações Climáticas (IPCC). 2007a. Climate Change 2007: The Physical Science Basis. Contribuição do Grupo de Trabalho I para o Quarto Relatório de Avaliação do IPCC.

Gyoo-Bum, Kim; Han-Heum, Yun; Dae-Ho, K. (2006). Relação entre o índice de precipitação padronizado e o lençol freático uma proposta para o estabelecimento de poços de índice de seca. 2006.pdf. Jornal da Sociedade Coreana do Ambiente do Solo e das Águas Subterrâneas, 11, 31-42.

Harrell, F. (2001). Regression modelling strategies: with applications to linear models, logistic regression and survival analysis (Springer-V). Nova Iorque.

Hassan, RM (2010). Implications of climate change for agricultural sector performance in Africa: policy challenges and research agenda. Journal of African Economies, 19 (suppl_2), ii77-ii105.

Hernández, R. (2014). Metodología de la investigación. 6ª Edição. México, 2014. ISBN 9781456223960.

https://pt.weatherspark.com/s/78292/0/Condi%C3%A7%C3%B5es-meteorol%C3%B3gicas-m%C3%A9dias-na-primavera-em-Ondjiva-Angola.12- 04-2024.

https://cultivafuturo.com/beneficios-de-la-lluvia-en-tus-cultivos/ 25-04-2024.

IPCC, IPOCC (2014): Relatório de síntese sobre as alterações climáticas. In: Contribuições do Grupo de Trabalho I, II, II para o Quinto Relatório de Avaliação do Painel Intergovernamental sobre as Alterações Climáticas. [Sl:sn], 2014.

IPCC, IP on CC (2007a). [Climate Change 2007]: The Physical Science Basics: Summary for Policymakers and Technical Summary and Frequently Asked Questions; Como parte do Grupo de Trabalho, contribuí para o Quarto Relatório de Avaliação do Painel Intergovernamental sobre Alterações Climáticas. Actas do Workshop Alpine Snow. *Workshop, Munique, 5-6 de outubro, Alemanha HeBIS-Verbundkatalog*, 8, 142. Obtido em http://bluemarble.nasa.gov.

IPCC (2007b). Climate Change 2007: Impacts, Adaptation and Vulnerability [Alterações climáticas 2007: Impactos, adaptação e vulnerabilidade]. Contribuição do Grupo de Trabalho II para o Quarto Relatório de Avaliação do IPCC. Cambridge, Reino Unido, Cambridge University Press.

IPCC (2007c). Alterações climáticas 2007: Relatório de síntese. Quarto Relatório de Avaliação do Painel Intergovernamental sobre as Alterações Climáticas. Genebra, Suíça.

IDEAM-UNAL (2018). Variabilidade climática e alterações climáticas na Colômbia, Bogotá, DC ISBN: 978-958-8067-97-1.

Inzunza, Juan (2023). Radiação solar e terrestre.

Jato (2023). Agricultura e Gestão. https://bloglatam.jato.com/agricultura-depende-pessoas-lluvias/

Jiménez, Rosa María Rodríguez, Capa, Águeda Benito e Lozano, Adelaida Portela (2004). Meteorologia e Climatologia [em linha]. 2004. ISBN 8468885355. Disponível em: https://cab.inta-csic.es/uploads/culturacientifica/adjuntos/20130121115236.pdf

Llacza, Aydee, Hurtado, Femando, Puican, Christian, Barrantes, Kety e Fernández, Alexander (2016). Comportamiento de las variables meteorológicas en el Distrito de Chimbote durante el año 2016 [Tese]. 2016.

Lloyd, JW, (1986). Uma revisão da aridez e das águas subterrâneas. Hydrological Processes, 1, 63-78.

Maderey Rascón, L.E. e Jiménez Román, A. (2001). Alteração do ciclo hidrológico na parte inferior da bacia superior do rio Lerma devido à transferência de água para a Cidade do México. Investigaciones geográficas, 1(45). https://doi.org/10.14350/rig.59143

Martínez, P. e Patiño, C. (2012). Efeito das alterações climáticas na disponibilidade dos recursos hídricos. Tecnología y Ciencias Del Água, 3, 5-20.

Manrique, Óscar Brown (2015). Mudanças climáticas e suas evidências de precipitação. Engenharia Hidráulica e Ambiental. 2015. Vol. 36, no. 1, pp. 88-101.

Montenegro, Edgar e Luján Pérez, Marcos (2018). Análise da variação sazonal da poluição do ar e sua relação com variáveis climáticas no vale central de Cochabamba, Bolívia. Nueva Ata. 2018. Vol. 8, no. 3, pp. 451-466.

Miyamoto, Bruno (2017). "Impactos econômicos de chuvas extremas na agricultura brasileira". Tese apresentada ao Instituto de Economia da Unicamp para obtenção do título de doutor em desenvolvimento econômico.

MTICS (2019). Ministério das Telecomunicações, Tecnologias de Informação e Comunicação Social. Instituto Nacional de Meteorologia e Geofísica. Direção Provincial do Cunene.

Nações Unidas (2007). Objectivos de Desenvolvimento do Milénio. Relatório 2007. Nova Iorque, EUA.

Núñez, E., Steyerberg, E. W. e Núñez, J. (2011). Estratégias para o desenvolvimento de modelos estatísticos de regressão. Revista Española de Cardiología, 64(6), 501-507. https://doi.org/10.1016/j.recesp.2011.01.019

Nutricontrol (2020). A importância da temperatura para as culturas de inverno. Empresa dedicada à Investigação e Desenvolvimento Tecnológico.

Oñate Valdivieso, FR (2012). Projeto: "Geração de Geoinformação para a Gestão do Território a Nível Nacional Escala 1: 25.000". In Memória Técnica. https://doi.org/10.1017/CBO9781107415324.004

Paneque, Rosa Jiménez e Habana (1998). Allá. Metodología de la InvestigaciónElementos Básicos para la Investigación Clínica. P. 1-95.

Pernía, J. e Fornós, J. (2009). Alterações climáticas nas águas subterrâneas. Geociencia ambiental y de ingeniería, 17 (2), 172-178. https://doi.org/10.2113/gseegeosci.15.3.211

Promis, A., Caldentey, J. e Ibarra, M. (2010). Microclima numa floresta de Nothofagus pumilio e os efeitos do corte de regeneração Microclima numa floresta de Nothofagus pumilio e os efeitos do corte de regeneração. Floresta, 31(2), 129-139. Retirado de https://scielo.conicyt.cl/pdf/bosque/v31n2/art06.pdf

Programa das Nações Unidas para o Desenvolvimento (PNUD). (2006). Mais sobre a escassez: energia, pobreza e a crise mundial da água. Relatório sobre o Desenvolvimento Humano 2006. Nova Iorque, EUA.

Programa das Nações Unidas para o Ambiente (PNUA) (2008). Atlas do nosso ambiente em mudança. Nairobi, Quénia. Disponível em: na.unep.net/atlas.

PNUD (2007). Lutar contra as alterações climáticas: solidariedade num mundo dividido. Relatório sobre o Desenvolvimento Humano 2007/2008. Nova Iorque, Estados Unidos.

Rosales, GO (2001). Evidências de mudanças climáticas e variabilidade climática no Equador.

Sánchez-Santilán, N., Sánchez-Trejo, R., Espino, G. e Garduño, R. (2014). Evolução do clima ao longo da história da Terra. Revista Reflxiones, 93(1), 121-132.

Serrano, S., Zuleta, D., Moscoso, V., Jácome, P., Palacios, E. e Villacís, M. (2017). Análise estatística de dados meteorológicos mensais e diários para a determinação da variabilidade climática e das alterações climáticas no Distrito Metropolitano de Quito. La Granja, 16(2), 23. https://doi.org/10.17163/lgr.n16.2012.03

Sepúlveda, Yulian A. (2020). Importância das estações meteorológicas para a tomada de decisões em Casadiego. 2020. No. maio DOI 10.13140/RG.2.2.33323.46886.

Symborg (2024). Chaves para ajudar as culturas em temperaturas extremas. https://symborg.com/es/actualidad/claves-para-ayudar-a-los-cultivos-ante-las-temperaturas-extremas/ 15-06-2024

Sophocleus, M. (2002). Interações entre água subterrânea e água superficial: o estado da ciência. Journal of Hydrogeology, 10 (1), 52-67. ttps://doi.org/10.1007/s10040-001-0170-8

Suárez, J. (2009). Deslizamento de terras: análise geotécnica (Universidade). Espanha.

Useros, LJ (2012). Mudanças climáticas: suas causas e efeitos ambientais. Real Academia de Medicina y Cirugía de Valladolid, 50, 71-98.

Uribe, Escudero e Alberto, Victor (2017). Impacto ambiental da variabilidade da temperatura, humidade relativa e precipitação na produção de mamão entre Casma, Pomabamba e Recuay, 2012-2015, face aos efeitos das alterações climáticas.

Vinet, Luc e Zhedanov, Alexei (2010). Uma família "desaparecida" de polinómios ortogonais clássicos. 7 de novembro de 2010. DOI 10.1088/1751-8113/44/8/085201.

Villalpando, F (2024): Qual o impacto das alterações climáticas na produção agrícola? ClimaproAgro. Informação climática para a agricultura. México

Viñas MJ, Fox K e Jacobs P (2024). A análise da NASA confirma que 2023 foi o ano mais quente de que há registo. Centro de Voo Espacial Goddard da NASA. Sede, Washington. https://www.nasa.gov/es. 12 de janeiro de 2024

Wikipédia (2013). *Humidade relativa.* enciclopédia livre. https://es.wikipedia.org/wiki/Humedad_relativa

VIII. ANEXOS.

Anexo 1: Dados sobre as variáveis climáticas

DADOS DE TEMPERATURAS MÁXIMA, MINIMA, MEDIA, HUMIDADE RELATIVA E PRECIPITAÇÃO REFERENTES A 2013, 2014, 2015, 2016, 2017 E 2018 – DADOS CLIMATICOS

	Meses	Ano 2013					Ano 2014					Ano 2015				
		Temperaturas (˚c)			H.R	Precipitação	Temperaturas (˚c)			H.R	Precipitação	Temperaturas (˚c)			H.R	Precipitações
		Max	Min	Media	(%)	(mm)	Max	Min	Media	(%)	(mm)	Max	Min	Med	(%)	(mm)
01	Janeiro	31.9	20.8	26.2	55	55	36.9	14.8	25.3	51	41.9	38.3	17.3	26.2	98	87.5
02	Fevereiro	32.8	19.5	26.6		55						37.7	16.3	26.6	97	27.4
03	Março	33.4	19.8	25.9		57	32.4	17.9	23.5	99	74	36.9	16.4	25.5	99	96.5
04	Abril	35.4	10.7	23.9	35	0.6	32.1	15.7	22.7	98	24.8	34.6	14.7	24.8	95	6.6
05	Maio	32.9	8.5	21.6	35	4.6	32.4	10.2	21.8	93	1.9	33.7	10.6	22.4	73	0.0
06	Junho	32.7	6.9	19.4	34	0.6	30.2	5.9	18.9	76	0.0	31.5	2.1	18.2	69	0.0
07	Julho	30.9	7.5	19.5	34	0.0	31.2	5.9	18.9	71	52.3	32.5	7.3	19.7	63	0.0
08	Agosto	34.4	7.8	21.2	24	0.0	35.1	7.8	22.3	56	0.0	36.6	6.9	22.5	71	43.3
09	Setembro	37.8	8.2	25.6	27	6.6	38.3	10.9	25.6	89	1.6	38.2	12.1	26.3	63	0.0
10	Outubro	39.1	14.8	28.2	25	2.6	38.8	14.1	28.0	81	3.5	38.9	15.4	29.1	71	3.9
11	Novembro	38.2	16.4	27.1	24	59.5	36.3	17.7	25.8	97	48.3	40.5	16.5	28.7	93	35.7
12	Dezembro	35.2	17.8	25.1	42	132.7	36.5	16.4	25.2	99	115.1	38.1	18.9	26.6	99	145.6

	Meses	Ano 2016					Ano 2017					Ano 2018				
		Temperaturas (˚c)			H.R	Precipitação	Temperaturas (˚c)			H.R	Precipitação	Temperaturas (˚c)			H.R	Precipitações
		Max	Min	Media	(%)	(mm)	Max	Min	Media	(%)	(mm)	Max	Min	Med	(%)	(mm)
01	Janeiro	36.6	15.9	25,2	57	70.7	35.5	16.5	25.2	54	83.5	36.6	18.0	25.7	58	106.0
02	Fevereiro	36.6	18.5	24,1	64	78.8	36.3	16.5	24.1	70	113.6	34.8	15.5	25.5	60	76.8
03	Março	36.5	15.5		65	96.5	32.9	17.8	23.7	73	172.1	34.4	16.8	23.8	74	135.1
04	Abril	35.2	14.9	25.1	52	21.6	34.7	14.6	23.4	62	17.0	33.0	14.0	23.1	72	250.2
05	Maio	33.9	9.6	22.1	36	0	33.2	10.8	21.8	47	0	32.3	10.8	21.9	51	0.1
06	Junho	31.8	8.1	19.9	34	0	31.8	8.4	19.6	44	0	31.1	6.1	18.3	42	0
07	Julho	31.9	5.3	18.7	28	0	31.9	7.5	19.4	37	0	31.3	7.5	18.3	39	0
08	Agosto	35.9	9.4	22.9	22	0	35.1	9.0	21.8	27	0	34.6	9.7	22.3	26	0
09	Setembro	38.4	10.9	25.8	19	0	38.3	13.6	26.1	27	0	38.3	8.5	25.3	20	0.1
10	Outubro	39.6	16.1	29.2	22	2.4	39.3	13.7	27.0	28	37.5	39.2	15.5	26.9	29	6.5
11	Novembro	39.6	19.5	28.3	42	16.5	37.6	15.4	27.1	39	48.6	39.6	16.0	28.7	32	9.9
12	Dezembro	36.3	18.4	26.2	58	153.6	38.0	17.2	26.3	55	98.7	39.6	16.3	28.7	35	13.9

MINISTÉRIO DAS TELECOMUNICAÇÕES E TECNOLOGIAS DE INFORMAÇÃO
INSTITUTO NACIONAL DE METEOROLOGIA E GEOFISICA
DEPARTAMENTO PROVINCIAL DO CUNENE

DADOS DE PRECIPITAÇÃO, TEMPERATURAS MAXIMA, MINIMA, MEDIA E HUMIDADE RELATIVA REFERENTE AOS MESES DE JANEIRO, FEVEREIRO, MARCO E ABRIL DE 2020 – DADOS CLIMATICOS

MESES	TEMPERATURAS (°c)			H.R (%)	PRECIPITAÇÃO (mm)
	MAX	MIN	MED		
JANEIRO	35.8	18.0	25.0	69	91.8
FEVEREIRO	35.3	17.1	24.7	71	183.2
MARCO	34.7	14.7	24.7	71	63.8
ABRIL	34.9	13.6	24.1	62	4.5
MAIO	32.7	9.2	21.5	45	0.0
JUNHO	30.1	5.6	18.1	41	0.0
JULHO	27.8	10.4	18.8	36	0.0
AGOSTO	33,5	7,3	21,2	62	0,0
SETEMBRO	38,2	12,9	25,4	74	0,0
OUTUBRO	40,9	12,8	27,4	92	11,6
NOVEMBRO	38,4	16,8	27,5	95	24,3
DEZEMBRO	38,1	16,2	27,5	96	53,9

O Chefe de Departamento,
António José Pereira

DADOS DE TEMPERATURAS MAXIMA, MINIMA, MEDIA, HUMIDADE RELATIVA E PRECIPITAÇÃO REFERENTE AOS MESES DE JANEIRO À DEZEMBRO DE 2021 – DADOS CLIMATICOS

MESES	TEMPERATURAS (°c)			H.R (%)	PRECIPITAÇÃO (mm)
	MAX	MIN	MED		
JANEIRO	34,6	16,2	24,8	98	85,7
FEVEREIRO	35,6	17,3	25,5	54	62,1
MARCO	36,3	16,4	24,8	65	168,7
ABRIL	33,9	14,4	23,8	53	9,5
MAIO	32,2	10,6	21,3	51	15,5
JUNHO	31.8	6.7	18.6	41	0.0
JULHO	29.7	6.4	18.3	34	0.0
AGOSTO	35.5	9.7	22.0	25	0.0
SETEMBRO	39.1	12.8	26.7	19	0.0
OUTUBRO	39.2	12.8	28.1	22	5.3
NOVEMBRO	39,4	15,9	27,6	37	31,2
DEZEMBRO	36,7	17,0	27,2	44	51,7

MINISTÉRIO DAS TELECOMUNICAÇÕES, TECNOLOGIA DE INFORMAÇÃO E COMUNICAÇÃO SOCIAL
INSTITUTO NACIONAL DE METEOROLOGIA E GEOFISICA
DEPARTAMENTO PROVINCIAL DE METEOROLOGIA DO CUNENE

MAPA DE TEMPERATURAS MÁXIMA E MINIMA, HUMIDADE RELATIVA E PRECIPITAÇÃO REFERENTE AO II TRIMESTRE DE 2021 – DADOS CLIMATICOS

Dias	Tª Máxima °c			Tª Mínima °c			Humidade Relativa %			Precipitação mm		
	Abril	Maio	Junho	Abril	Maio	Junho	Abril	Maio	Junho	Abril	Maio	Junho
01	28,9	32,2	29,8	19,4	18,5	10,9	78	59	37	1,2	0,0	0,0
02	29,7	21,6	28,9	18,8	18,4	13,1	75	91	37	0,0	14,9	0,0
03	30,9	28,5	27,2	20,8	16,0	10,9	59	68	34	0,0	0,0	0,0
04	31,5	29,0	26,5	14,0	16,5	8,2	54	69	35	0,0	0,0	0,0
05	31,9	28,0	26,1	19,6	17,8	9,3	56	66	38	0,0	0,0	0,0
06	33,0	30,9	26,5	18,9	16,3	9,8	62	65	43	0,0	0,6	0,0
07	32,5	30,8	27,8	19,5	19,7	10,8	57	66	48	3,0	0,0	0,0
08	31,2	31,2	30,1	18,8	19,7	10,8	54	62	45	0,0	0,0	0,0
09	30,6	30,9	30,0	19,1	17,3	11,4	47	51	45	0,0	0,0	0,0
10	30,7	29,5	29,7	17,4	16,7	10,5	47	41	44	0,0	0,0	0,0
11	30,2	29,2	28,4	17,4	11,6	10,7	48	41	40	0,0	0,0	0,0
12	30,8	29,0	27,9	16,1	12,4	10,7	46	44	38	0,0	0,0	0,0
13	31,2	28,8	26,4	17,3	12,4	9,1	51	45	38	0,0	0,0	0,0
14	31,1	29,8	26,9	16,8	12,8	8,2	57	48	39	0,3	0,0	0,0
15	30,4	30,0	28,5	18,8	13,2	6,7	55	45	38	3,3	0,0	0,0
16	30,8	30,9	28,8	19,7	12,8	8,2	48	44	40	0,0	0,0	0,0
17	31,1	30,8	30,0	17,1	11,8	8,7	47	40	38	0,0	0,0	0,0
18	30,0	31,3	29,2	17,0	15,6	8,0	52	43	41	0,0	0,0	0,0
19	29,5	31,1	27,9	16,2	12,5	10,6	51	47	40	0,0	0,0	0,0
20	30,1	29,8	27,2	15,4	13,1	12,0	51	49	42	0,0	0,0	0,0
21	30,6	30,1	26,0	15,9	11,9	13,0	49	43	42	0,0	0,0	0,0
22	31,3	29,1	26,5	17,8	13,3	8,8	48	45	42	0,0	0,0	0,0
23	32,3	28,9	26,7	18,3	12,5	10,6	45	50	45	0.0	0,0	0,0
24	29,5	28,1	29,1	17,6	11,4	9,0	53	52	45	0,0	0,0	0,0
25	32,8	27,2	29,1	14,4	11,5	9,9	56	52	46	0,0	0,0	0,0
26	32,0	27,3	29,2	15,0	10,6	10,3	45	48	43	0,0	0,0	0,0
27	32,5	27,6	31,4	15,9	11,4	9,1	46	50	40	0,0	0,0	0,0
28	33,9	28,4	31,4	16,4	10,7	11,6	47	45	35	0,0	0,0	0,0
29	33,2	29,6	30,4	17,1	11,1	9,2	47	45	40	0,0	0,0	0,0
30	31,5	30,2	30,3	18,3	11,4	11,2	62	39	38	1,6	0,0	0,0
31		30,2			11,4			39			0,0	0,0
Total	632,0	911,4	853,9	525,0	545,6	301,3	1644	1592	1216	9,5	15,5	0,0
Média	31,2	29,4	28,4	17,5	17,6	10,0	55	51	40	9,5	15,5	0,0

MAPA DE TEMPERATURAS MÁXIMA E MINIMA, HUMIDADE RELATIVA E PRECIPITAÇÃO REFERENTE AO III TRIMESTRE DE 2021 – DADOS CLIMATICOS

Dias	Tª Máxima °c			Tª Mínima °c			Humidade Relativa %			Precipitação mm		
	Julho	Agosto	Set.	Julho	Agosto	Set.	Julho	Agosto	Set.	Julho	Agosto	Set.
01	29,7	27,1	34,9	8,9	10,9	14,7	37	35	12	0,0	0,0	0,0
02	29,6	29,9	35,4	9,9	10,5	12,7	33	36	15	0,0	0,0	0,0
03	29,4	30,9	34,6	8,8	12,5	13,3	33	34	21	0,0	0,0	0,0
04	29,0	31,8	34,6	7,5	11,1	14,7	35	33	22	0,0	0,0	0,0
05	28,9	31,7	34,6	6,8	10,8	15,4	37	29	21	0,0	0,0	0,0
06	29,9	31,5	35,9	7,6	11,9	15,5	34	27	14	0,0	0,0	0,0
07	28,4	31,2	35,5	9,4	11,2	15,7	30	27	15	0,0	0,0	0,0
08	28,0	32,5	36,1	9,8	9,9	18,0	38	27	19	0,0	0,0	0,0
09	26,8	31,9	35,3	9,5	10,0	18,5	38	26	24	0,0	0,0	0,0
10	29,2	32,5	34,6	10,3	11,6	21,1	36	25	24	0,0	0,0	0,0
11	28,1	32,4	33,3	9,5	11,5	19,6	37	25	23	0,0	0,0	0,0
12	28,3	32,9	33,7	9,5	12,1	18,3	33	25	24	0,0	0,0	0,0
13	28,2	33,2	35,1	9,1	10,1	15,3	32	26	22	0,0	0,0	0,0
14	24,8	33,4	35,2	9,9	10,3	17,2	36	24	20	0,0	0,0	0,0
15	27,1	31,8	35,8	9,9	13,4	16,2	32	27	19	0,0	0,0	0,0
16	28,6	31,9	35,2	11,2	13,2	15,5	36	33	18	0,0	0,0	0,0
17	28,0	32,9	34,9	10,5	13,5	15,2	43	26	16	0,0	0,0	0,0
18	27,1	33,2	35,9	15,4	12,2	15,2	39	25	21	0,0	0,0	0,0
19	27,1	32,7	34,9	14,2	10,2	17,3	34	18	20	0,0	0,0	0,0
20	28,1	30,8	35,8	9,9	9,7	16,4	32	21	18	0,0	0,0	0,0
21	28,2	31,3	37,8	8,6	10,9	18,3	30	24	17	0,0	0,0	0,0
22	27,0	32,6	38,0	8,7	10,8	21,8	29	21	19	0,0	0,0	0,0
23	27,0	31,0	39,1	8,3	12,6	24,3	22	22	15	0,0	0,0	0,0
24	26,5	33,4	38,2	6,4	17,9	19,7	22	23	17	0,0	0,0	0,0
25	27,1	33,9	37,4	11,1	13,9	17,4	36	21	23	0,0	0,0	0,0
26	25,6	35,2	37,7	12,3	15,7	20.9	38	22	16	0,0	0,0	0,0
27	25,6	32,5	36,9	8,0	16,5	16,2	37	20	21	0,0	0,0	0,0
28	27,0	30,9	34,2	7,6	12,0	16,9	34	27	28	0,0	0,0	0,0
29	27,2	29,7	33,9	7,8	13,4	17,3	32	18	23	0,0	0,0	0,0
30	26,9	30,4	36,1	9,5	11,9	15,0	32	15	16	0,0	0,0	0,0
31	26,9	35,5		9,1	12,3		32	13		0,0	0,0	0,0
Total	858,7	995,1	10,706	294,5	375,1	4,981	1054	775	569	0	0	0
Média	27,7	32,1	35,7	9,5	12,1	16,6	34	25	19	0	0	0

MAPA DE TEMPERATURAS MÁXIMA E MINIMA, HUMIDADE RELATIVA E PRECIPITAÇÃO REFERENTE AO IV TRIMESTRE DE 2021 – DADOS CLIMATICOS

Dias	Tª Máxima °c			Tª Mínima °c			Humidade Relativa %			Precipitação mm		
	Out	Nov	Dez	Out	Nov	Dez	Out	Nov	Dez	Out	Nov	Dez
01	33,9	36,2	35,9	17,5	17,4	21,9	15	18	41	0,0	0,0	0,4
02	33,3	37,3	32,6	14,2	19,2	19,2	14	17	58	0,0	0,0	3,8
03	32,9	36,4	32,6	12,8	17,7	21,3	15	17	58	0,0	0,0	2,2
04	34,1	39,4	34,1	16,5	17,9	20,4	24	20	62	0,0	0,0	4,2
05	35,6	38,3	33,2	16,0	23,5	19,8	16	25	64	0,0	12,8	0,0
06	37,7	37,4	34,6	17,5	23,0	19,2	17	49	50	0,0	5,0	1,0
07	35,8	36,1	35,4	20,4	19,4	20,0	36	59	34	0,0	1,7	0,0
08	37,9	35,4	35,9	22,1	19,5	21,5	24	51	46	0,0	0,0	0,0
09	37,7	34,0	34,9	21,7	22,4	22,8	20	40	49	0,0	0,0	0,0
10	39,0	34,4	32,7	20,8	23,3	18,9	13	43	62	0,0	0,0	1,5
11	39,1	33,4	32,2	22,2	23,4	22,4	10	44	60	0,0	0,2	19,0
12	37,8	34,7	31,4	19,9	19,9	18,8	24	50	70	0,0	0,4	6,1
13	37,2	33,7	30,7	19,6	21,7	19,8	21	47	78	0,0	0,1	8,3
14	38,0	36,0	32,1	19,4	22,6	20,9	18	53	63	0,0	2,6	0,0
15	38,2	30,3	34,7	22,9	19,5	22,3	20	71	53	0,0	0,1	0,0
16	35,6	36,2	34,3	17,1	19,2	20,1	19	57	48	0,0	1,3	0,0
17	35,7	34,9	34,2	17,2	20,7	21,1	15	48	37	0,0	2,3	0,0
18	36,8	30,0	34,3	17,3	19,8	18,2	18	64	32	0,0	1,2	0,0
19	38,1	35,0	36,2	23,8	19,1	20,6	15	41	31	0,0	0,0	0,0
20	33,7	37,0	36,7	22,6	22,6	20,4	31	26	34	0,0	0,0	0,0
21	34,9	35,9	35,6	19,3	18,8	21,6	38	23	44	0,0	0,0	2,0
22	34,7	34,7	34,8	16,8	18,1	18,3	21	24	49	0,0	0,0	3,2
23	35,9	34,6	34,7	16,1	15,9	21,1	20	23	30	0,0	0,0	0,0
24	36,9	39,5	35,7	18,2	18,3	18,2	16	20	26	0,0	0,0	0,0
25	36,4	36,8	36,0	20,5	18,9	17,0	16	21	25	0,0	0,0	0,0
26	36,3	35,6	36,5	17,2	18,1	18,7	17	20	24	0,0	0,0	0,0
27	35,7	36,9	36,1	23,9	19,2	20,9	23	23	23	0,0	0,0	0,0
28	33,3	35,8	34,9	14,7	22,5	17,1	40	38	23	0,0	2,9	0,0
29	36,7	34,1	35,8	22,3	16,1	17,4	45	47	28	4,6	0,0	0,0
30	36,0	35,9	35,9	20,5	21,0	21,7	42	46	36	0,7	0,6	0,0
31	36,6		35,1	21,6		20,6	16		40	0,0		0,0
Total	1122,2	1062,0	1072,6	592,1	597,0	933,1	682	1110	1256	5,3	31,2	51,7
Média	36,2	35,4	34,6	19,1	19,9	20,1	22	37	41	5,3	31,2	51,7

O Chefe de Departamento

António [illegible] Pereira

MAPA DE TEMPERATURAS MÁXIMA E MINIMA, HUMIDADE RELATIVA E PRECIPITAÇÃO REFERENTE AO I TRIMESTRE DE 2022 – DADOS CLIMATICOS

Dias	Tª Máxima °c			Tª Mínima °c			Humidade Relativa %			Precipitação mm		
	Jan	Fev	Marc	Jan	Fev	Marc	Jan	Fev	Marc	Jan	Fev	Marc
01	37,7	33,7	30,1	27,4	22,5	18,5	20	34	76	0,0	0,0	13,4
02	38,5	34,7	29,3	22,6	18,5	19,5	26	31	79	0,0	3,7	0,2
03	36,2	34,1	30,2	21,4	21,8	20,9	36	37	78	0,0	0,8	0,0
04	36,2	34,0	29,6	23,4	23,2	16,0	26	54	50	0,0	0,0	0,0
05	36,8	26,6	30,1	20,7	19,2	17,0	27	81	55	0,0	8,7	0,0
06	37,2	27,5	32,1	21,4	19,8	16,7	19	75	55	0,0	0,7	0,0
07	34,0	29,2	32,7	22,8	19,9	17,6	42	80	60	0,0	2,3	0,0
08	37,3	28,9	32,8	22,0	19,4	19,4	47	78	62	1,0	20,4	0,0
09	34,0	29,7	34,2	20,7	20,3	20,3	39	74	56	0,0	17,6	0,0
10	35,6	26,9	31,9	21,4	20,3	20,7	20	86	70	0,0	11,1	3,6
11	35,4	30,8	30,9	18,4	19,3	20,6	18	74	79	0,0	0,0	0,7
12	37,2	32,9	29,2	17,4	20,0	21,3	17	73	86	0,0	0,0	10,8
13	36,6	31,0	25,9	19,5	19,9	19,2	13	68	99	0,0	0,4	89,0
14	33,1	24,6	26,5	21,2	20,2	18,7	17	85	85	0,0	16,9	3,8
15	32,8	26,4	29,1	22,3	18,1	19,3	20	87	66	0,0	18,4	0,0
16	33,7	29,2	30,4	22,3	21,1	17,4	28	82	64	0,0	0,9	0,0
17	33,7	31,5	31,2	21,1	18,9	16,9	26	70	57	0,0	0,0	0,0
18	35,3	31,3	31,0	24,5	19,9	17,1	36	74	61	0,0	0,0	0,0
19	31,3	30,7	31,3	22,0	19,8	18,8	60	76	64	3,3	0,1	0,0
20	28,1	32,1	31,5	18,5	20,2	20,4	75	77	67	7,3	1,7	0,0
21	25,9	32,6	29,5	18,5	20,7	20,4	84	72	82	54,8	3,3	3,8
22	30,2	32,6	24,8	19,3	20,8	20,5	75	71	92	0,1	0,0	8,6
23	32,6	30,7	29,9	19,3	21,1	19,5	50	81	81	0,0	2,2	37,1
24	32,5	31,9	26,5	19,4	19,6	17,3	47	76	89	0,0	0,2	15,6
25	34,4	27,5	29,7	19,3	21,5	19,5	39	85	79	0,0	14,8	0,0
26	33,0	33,2	30,9	19,5	19,0	17,8	47	72	63	0,5	0,4	0,0
27	34,3	32,7	32,1	20,4	21,2	16,3	51	61	57	0,0	0,0	0,0
28	33,3	28,5	33,9	22,0	19,2	17,3	49	76	50	0,0	5,5	0,0
29	34,1		32,7	22,0		15,7	39		54	0,0		0,0
30	29,9		33,0	22,0		20,7	52		61	0,0		0,0
31	31,4		31,5	21,6		19,9	40		68	0,0		0,0
Total	1053,3	855,5	944,5	654,3	565,4	581,2	1203	1990	2227	67,6	126,4	186,7
Média	33,9	30,6	30,5	21,1	20,2	18,7	39	71	72	67,6	126,4	186,7

MAPA DE TEMPERATURAS MÁXIMA E MINIMA, HUMIDADE RELATIVA E PRECIPITAÇÃO REFERE NTE AO II TRIMESTRE DE 2022 – DADOS CLIMATICOS

Dias	Tª Máxima °c			Tª Mínima °c			Humidade Relativa %			Precipitação mm		
	Abril	Maio	Junh	Abril	Maio	Junh	Abril	Maio	Junh	Abril	Maio	
01	31,7	31,3	25,9	19,9	15,9	11,8	71	49	28	0,0	0,0	0
02	26,8	30,0	25,4	19,9	14,3	10,4	79	50	34	0,2	0,0	0
03	28,0	28,8	25,0	18,2	16,2	8,5	78	50	44	1,0	0,0	0
04	30,6	29,1	24,7	18,2	12,9	10,4	74	45	43	0,0	0,0	0
05	30,6	28,5	25,3	18,2	12,2	9,4	66	45	44	0,0	0,0	0
06	33,4	29,9	25,1	15,9	13,4	8,3	65	44	44	0,0	0,0	0
07	34,2	30,7	24,9	18,3	12,2	8,8	58	42	45	0,0	0,0	0
08	34,1	31,1	25,5	17,8	12,3	9,7	56	41	44	0,0	0,0	0
09	34,5	31,6	26,5	19,0	13,5	9,4	55	39	38	0,0	0,0	0
10	33,8	31,2	26,4	17,5	13,4	9,0	54	40	41	0,0	0,0	0
11	31,5	30,9	26,8	18,6	12,4	10,0	63	37	46	0,2	0,0	0
12	26,5	30,6	27,1	19,3	10,2	10,1	74	38	42	0,1	0,0	0
13	31,3	30,1	27,8	16,6	11,9	10,9	65	39	39	3,0	0,0	0
14	30,9	31,6	27,4	17,3	11,5	8,8	70	40	37	6,4	0,0	0
15	32,3	31,0	28,9	18,6	15,5	6,7	65	39	39	0,1	0,0	0
16	30,7	29,5	28,5	18,7	15,1	10,1	65	40	42	0,0	0,0	0
17	30,9	28,5	30,6	18,3	14,1	12,2	71	39	43	0,1	0,0	0
18	31,2	28,9	30,8	21,7	11,3	9,7	69	40	42	0,0	0,0	0
19	30,7	29,7	29,8	18,8	10,8	10,7	63	43	34	0,0	0,0	0
20	29,3	28,1	24,6	15,5	13,2	8,1	52	42	45	0,0	0,0	0
21	28,7	26,5	24,0	14,8	7,8	3,5	52	24	37	0,0	0,0	0
22	28,6	27,4	26,2	13,5	6,4	3,1	53	27	36	0,0	0,0	0
23	30,1	28,1	29,1	14,1	7,4	3,9	51	31	33	0,0	0,0	0
24	30,9	28,4	30,0	13,6	9,5	6,3	49	39	30	0,0	0,0	0
25	32,3	29,7	29,7	14,8	7,1	7,1	47	43	32	0,0	0,0	0
26	33,4	30,0	28,2	19,6	8,7	10,9	41	44	39	0,0	0,0	0
27	32,9	30,2	24,6	19,2	9,7	12,9	45	42	38	0,0	0,0	0
28	32,3	30,3	24,3	15,8	9,6	8,9	50	42	44	0,0	0,0	0
29	32,3	30,1	23,7	16,8	10,6	11,1	52	39	47	0,0	0,0	0
30	32,9	30,3	25,5	15,6	12,3	13,5	49	35	43	0,0	0,0	0
31		27,5			13,5			35			0,0	
Total												
Média	31,2	30,3	26,9	17,3	18,7	8,9	60	40	27	11,1	0,0	0,0

MAPA DE TEMPERATURAS MÁXIMA E MINIMA, HUMIDADE RELATIVA E PRECIPITAÇÃO REFERENTE AO III TRIMESTRE DE 2022 – DADOS CLIMATICOS

Dias	Tª Máxima °c			Tª Mínima °c			Humidade Relativa %			Precipitação mm		
	Julho	Ag	Set	Julho	Ag	Set	Jul	Ag	Set	Julho	Ag	Set
01	27,4	28,9	33,7	9,5	7,8	13,7	46	29	25	0,0	0,0	0,0
02	27,8	25,8	32,3	10,8	3,3	16,6	42	25	23	0,0	0,0	0,0
03	28,1	29,5	32,3	9,1	5,9	14,2	41	24	22	0,0	0,0	0,0
04	28,3	30,2	33,3	9,1	7,7	13,3	36	25	24	0,0	0,0	0,0
05	28,7	32,5	33,9	9,8	14,8	14,6	39	31	21	0,0	0,0	0,0
06	28,4	32,3	35,1	10,5	14,6	16,0	41	31	18	0,0	0,0	0,0
07	28,5	32,2	36,9	10,5	12,6	17,8	39	30	18	0,0	0,0	0,0
08	28,2	33,3	36,1	10,7	12,4	16,8	40	30	20	0,0	0,0	0,0
09	28,8	33,8	35,7	10,8	11,3	19,2	38	27	17	0,0	0,0	0,0
10	28,4	33,2	35,6	11,1	12,6	16,1	37	23	17	0,0	0,0	0,0
11	29,4	33,5	35,1	10,4	11,2	17,9	35	21	17	0,0	0,0	0,0
12	28,0	33,2	35,1	10,8	11,5	19,6	37	19	19	0,0	0,0	0,0
13	27,3	33,7	34,5	10,3	10,8	20,7	39	19	15	0,0	0,0	0,0
14	26,7	31,0	33,9	10,4	9,8	17,9	37	21	18	0,0	0,0	0,0
15	26,4	32,5	34,5	9,9	9,4	20,7	34	16	20	0,0	0,0	0,0
16	26,6	33,4	34,1	10,1	12,1	17,9	33	18	19	0,0	0,0	0,0
17	26,6	33,7	35,1	11,8	9,4	16,1	32	18	19	0,0	0,0	0,0
18	26,6	32,9	35,7	9,1	9,1	16,2	35	20	23	0,0	0,0	0,0
19	27,4	32,2	31,9	9,8	9,7	16,2	32	19	19	0,0	0,0	0,0
20	28,1	26,9	32,6	11,4	12,6	13,7	29	18	16	0,0	0,0	0,0
21	28,4	28,5	32,9	10,6	8,8	14,9	29	14	15	0,0	0,0	0,0
22	28,9	30,9	35,7	11,4	9,6	16,0	31	21	12	0,0	0,0	0,0
23	30,6	32,4	36,7	13,1	7,9	16,0	34	26	16	0,0	0,0	0,0
24	30,9	32,3	37,1	11,7	14,6	20,9	32	32	11	0,0	0,0	0,0
25	31,3	31,7	34,4	11,2	16,0	23,0	32	27	16	0,0	0,0	0,0
26	31,8	33,3	33,5	16,8	13,7	22,4	27	27	12	0,0	0,0	0,0
27	30,7	34,1	33,0	12,0	12,9	20,7	31	24	12	0,0	0,0	0,0
28	30,7	34,4	37,4	11,9	14,1	18,7	30	21	15	0,0	0,0	0,0
29	29,8	34,9	37,7	10,7	15,0	22,5	30	20	16	0,0	0,0	0,0
30	30,1	33,9	36,9	11,2	13,7	24,1	26	24	19	0,0	0,0	0,0
31	28,6	34,1		7,9	13,8		27	25		0,0	0,0	
Total	887,5	995,2	1042,7	334,4	348,7	534,4				0,0	0,0	0,0
Média	28,6	32,1	34,7	10,7	11,2	17,8				0,0	0,0	0,0

MAPA DE TEMPERATURAS MÁXIMA E MINIMA, HUMIDADE RELATIVA E PRECIPITAÇÃO REFERENTE AO IV TRIMESTRE DE 2022 – DADOS CLIMATICOS

Dias	Tª Máxima °c			Tª Mínima °c			Humidade Relativa %			Precipitação mm		
	Out	Nov	Dez	Out	Nov	Dez	Out	Nov	Dez	Out	Nov	Dez
01	37,0	34,5	37,1	19,3	20,3	22,3	15	38	34	0,0	0,0	0,0
02	38,2	35,3	35,9	19,3	20,6	22,6	13	40	35	0,0	0,0	0,0
03	37,5	34,9	37,3	18,9	20,2	22,3	16	34	30	0,0	0,0	0,0
04		33,2	34,8	18,3	20,1	22,5	20	18	57	0,0	0,0	0,0
05	38,0	31,0	36,9		21,4	21,7	14	15	25	0,0	0,0	0,0
06	37,0	33,0	35,1	19,2	21,0	20,7	25	22	13	0,0	0,0	0,0
07	37,0	32,1	35,7	19,1	17,8	20,1	13	34	33	0,0	0,0	0,0
08	36,5	34,0	34,9	18,4	19,1	20,6	33	17	15	0,0	0,0	0,0
09	36,0	33,9	36,4	18,4	17,0	19,3	31	16	7	0,0	0,0	0,0
10	36,9	35,6	35,5	21,0	19,6	22,8	21	20	39	0,0	0,0	0,0
11	36,9	34,8	33,7	19,2	19,1	21,7	17	19	21	0,0	0,0	0,0
12	37,0	33,0	34,6	20,3	16,6	147	20	16	25	0,0	0,0	0,0
13	36,1	33,3	35,9	21,2	15,2	20,5		11	26	0,0	0,0	0,0
14	36,1	36,7	29,4	21,5	16,3	20,4		10	66	0,0	0,0	0,0
15	32,1	37,4	27,3	23,4	18,2	17,3	43	13	73	0,0	0,0	0,0
16	27,6	36,8	31,7	20,6	15,8	20,6	54	28	57	0,0	0,0	0,0
17	27,6	36,9	31,5	16,7	19,6	21,8	50	40	30	0,0	0,0	0,0
18	34,0	37,9	35,8	21,6	18,2	21,6	39	36	22	0,0	0,0	0,0
19	35,2	36,1	35,9	21,0	20,6	20,8	33	39	18	0,0	0,0	0,0
20	35,5	34,3	35,9	21,9	21,6	21,9	37	45	18	0,0	0,0	0,0
21	35,5	33,8	36,7	21,9	23,9	19,1		46	14	0,0	0,0	0,0
22	35,8	33,8	36,2		22,0	25,3		44	29	0,0	0,0	0,0
23	36,8	36,5	35,5	22,5	23,4	21,4	25	30	36	0,0	0,0	0,0
24	36,8	31,9	36,1	22,5	16,8	219	25	60	37	0,0	0,0	0,0
25	31,4	33,6	35,0		18,8	22,5		53	51	0,0	0,0	0,0
26	36,6	33,8	35,0		19,8	20,8		54	38	0,0	0,0	0,0
27	35,5	35,4	36,4	22,3	21,7	21,7	37	38	10	0,0	0,0	0,0
28	35,7	34,8	37,0		19,9	24,4	37	42	27	0,0	0,0	0,0
29	35,7	34,7	33,8	20,3	21,9	20,1	54	36	62	0,0	0,0	0,0
30	29,9	36,3	30,8	16,7	19,6	20,8	69	35	60	0,0	0,0	0,0
31	30,9		34,2	20,0		21,0	51		44	0,0	0,0	
Total										0,0	0,0	0,0
Média										0,0	0,0	0,0

MAPA DE TEMPERATURAS MÁXIMA E MINIMA, HUMIDADE RELATIVA E PRECIPITAÇÃO REFERENTE AO I TRIMESTRE DE 2023 – DADOS CLIMATICOS

Dias	Tª Máxima °c			Tª Minima °c			Humidade Relativa %			Precipitação mm		
	Jan	Fev	Marc	Jan	Fev	Marc	Jan	Fev	Marc	Jan	Fev	Marc
01	30,3	29,2	33,1	19,3	20,0	19,7	70	61	51			
02	30,4	30,9	29,8	21,0	21,5	19,1	61	51	66			
03	23,7	30,1	32,8	19,8	21,3	19,8	67	67	44			
04	20,1	32,1	33,0	18,7	20,8	18,0	98	48	20			
05	29,8	31,4	34,0	19,0	22,2	18,4	40	30	22			
06	31,1	30,9	35,9	19,6	20,8	18,8	29	59	21			
07	33,7	26,7	35,9	20,8	20,9	21,4	31	58	35			
08	32,3	28,6	31,0	22,9	21,7	21,5	27	65	50			
09	31,3	31,7	34,7	21,2	19,4	22,6	30	43	30			
10	33,2	33,1	34,4	23,1	18,8	22,4	44	46	40			
11	28,9	33,1	32,0	21,2	20,0	20,8	75	31	78			
12	31,6	33,8	32,8	21,6	20,3	22,6	67	31	68			
13	30,7	35,1	34,8	19,9	21,7	21,0	62	35	40			
14	31,1	35,6	35,0	18,0	23,4	21,2	68	31	39			
15	31,9	35,2	34,3	18,0	21,6	21,1	50	22	33			
16	29,6	33,3	33,4	20,7	18,2	20,2	71	27	47			
17	26,4	32,9	31,7	20,0	16,9	17,7	67	31	40			
18	25,7	31,9	33,5	19,0	13,7	20,0	85	23	50			
19	25,1	33,0	33,3	18,1	15,0	19,4	96	22	46			
20	22,3	33,1	33,9	20,6	15,4	19,3	90	24	49			
21	27,2	34,2	32,6	18,6	14,8	20,2	78	22	55			
22	24,6	35,4	32,4	17,2	17,4	21,3	71	26	47			
23	27,4	34,0	29,8	19,4	21,3	18,8	79	39	72			
24	28,4	32,9	32,0	18,5	20,8	20,5	79	48	53			
25	30,2	34,5	30,8	20,6	20,5	18,5	68	49	46			
26	31,0	34,3	25,6	19,0	20,2	21,2	71	46	84			
27	31,4	32,5	30,6	20,2	21,6	18,3	70	64	55			
28	30,1	27,9	28,4	21,1	19,7	18,6	68	-	77			
29	30,3		31,0	20,1		20,3	59		66			
30	27,8		31,8	17,9		20,6	77		63			
31	27,4			19,6		18,9	76		62			
Total	901,6	906,3	1006,6	548,8	548,8	622,2		1099,0	1565,0			
Média	28.6	30,2	32,5	19,7	19,6	20,1	65	78	51			

MAPA DE TEMPERATURAS MÁXIMA E MINIMA, HUMIDADE RELATIVA E PRECIPITAÇÃO REFERENTE AO II TRIMESTRE DE 2023 – DADOS CLIMATICOS

Dias	Tª Máxima °c			Tª Mínima °c			Humidade Relativa %			Precipitação mm		
	Abril	Maio	Junho	Abril	Maio	Junho	Abril	Maio	Junho	Abril	Maio	Junho
01	31,1	33,0	31,5	20,2	16,7	13,8	61	30	25			
02	32,0	32,5	32,1	19,4	15,1	15,5	59	27	29			
03	32,2	33,0	31,3	20,6	14,4	13,0	50	30	27			
04	31,8	32,5	32,7	20,6	14,4	12,4	55	31	22			
05	31,2	32,3	31,8	18,8	16,5	11,4	43	30	21			
06	32,6	32,6	31,8	17,8	16,5	11,4	54	25	13			
07	33,8	33,1	31,6	18,0	15,2	13,4	45	31	17			
08	33,4	32,8	30,9	19,6	17,8	12,6	39	35	21			
09	32,6	32,8	30,4	20,3	16,3	13,4	42	40	19			
10	33,6	33,5	31,2	21,3	16,3	13,4	46	24	20			
11	33,9	32,8	30,7	19,5	18,3	11,4	34	26	20			
12	33,4	31,7	27,2	19,5	15,1	11,8	40	30	22			
13	34,4	31,8	29,2	18,0	15,9	7,8	39	37	17			
14	33,7	31,7	29,4	19,8	14,2	9,2	35	28	24			
15	33,9	31,5	29,4	18,5	15,0	9,3	37	21	21			
16	33,4	30,2	30,1	16,6	19,9	7,7	33	34	15			
17	32,6	30,3	30,1	17,7	13,4	7,8	37	30	15			
18	32,7	30,5	30,0	16,7	11,2	9,2	45	24	18			
19	33,4	31,0	29,9	18,7	11,3	7,3	46	25	22			
20	31,6	32,3	30,0	20,2	12,3	8,1	45	18	22			
21	20,9	32,4	29,7	17,9	13,3	10,8	75	20	22			
22	29,2	33,1	29,6	18,0	15,6	10,8	72	25	20			
23	32,5	32,4	29,3	19,4	14,5	9,0	45	20	21			
24	32,7	32,4	28,3	20,6	16,4	11,2	46	28	22			
25	32,6	31,1	28,5	20,8	15,2	11,0	56	23	27			
26	33,3	31,7	28,5	19,1	13,4	9,5	48	21	34			
27	33,6		23,0	18,2	15,1	9,4	39	23	52			
28	33,5	31,7	22,4	18,2		3,3	28		32			
29	33,7	31,9	27,1	16,4	15,9	3,6	35	20	21			
30	33,4	29,8	28,2	16,0	12,6	6,8	33	23	27			
31		30,7			11,5			22				
Total	973,6	959,1	885,9	566,4	449,3	305,3	1362	801,0	661,0			
Média	32,4	31,9	29,5	18,9	14,9	10,1	45	27	22			

MAPA DE TEMPERATURAS MÁXIMA E MINIMA, HUMIDADE RELATIVA E PRECIPITAÇÃO REFERENTE AO III TRIMESTRE DE 2023 – DADOS CLIMATICOS

Dias	Tª Máxima °c			Tª Mínima °c			Humidade Relativa %			Precipitação mm		
	Julho	Agost.	Set.	Julho	Agost.	Set.	Julho	Agost.	Set.	Julho	Agos	Set.
01	28,4	26,2	33,9	13,8	9,3	13,8	21	15				
02	28,8	29,5	34,4	14,8	9,3	13,6	26	12				
03	29,0	30,8	35,7	11,3	8,8	14,2	22	31				
04	27,7	29,9	35,8	9,0	11,1	14,2	27	30				
05	27,4	29,0	35,6	9,1	11,9	14,3	35	24				
06	27,5	28,2	36,0	10,8	12,5	15,1	28	18				
07	27,8	28,5	35,9	12,2	12,9	15,2	20	24				
08	27,3	29,9	36,8	8,3	11,5	14,5	27	24				
09	27,8	30,8	36,9	8,2	12,8	16,6	27	25				
10	21,3	30,6	36,8	9,0	15,1	15,3	27	26				
11	21,3	32,1	31,5	8,3	14,5	17,0	15	25	23			
12	21,8	31,5	31,2	5,2	13,7	14,0	26	20				
13	24,8	32,0	34,2	6,7	16,0	14,0	35	10	14			
14	26,9	31,2	36,1	6,3	11,2	16,7		9	23			
15	29,3	33,0	37,0	7,1	11,3	17,7	21	20				
16	28,2	33,6	36,9	11,8	13,7	18,1	28	14	10			
17	26,6	33,4	37,5	9,6	12,5	15,5	28	20	10			
18	26,8	34,0	36,7	10,0	14,7	18,0	23	17	9			
19	27,6	33,2	34,6	8,4	12,6	17,2	22		24			
20	28,3	35,3	35,7	9,8	15,7	16,5	19	15	19			
21		35,7	35,5	12,0	13,2	18,7	18		30			
22	31,2	34,2	33,8	12,7	13,3	19,7	38		29			
23	31,4	34,4	35,3	17,1	14,4	18,7	32		27			
24	31,0	35,4	34,0	14,1	11,3	19,5	38		30			
25	29,5	32,9	31,5	9,8	13,0	14,8			17			
26	31,2	32,2	32,6		12,3	13,1	18	16	12			
27	32,0	30,0	34,4	12,0	11,4	14,8		13	13			
28	30,3	28,1	35,7	11,7	15,6	14,6		20				
29	26,8	30,7	37,8	10,5	19,5	19,5		41	20			
30	27,0	31,4	37,4	7,5	15,6	21,4		27	18			
31	26,5	32,9		10,2	14,7							
Total	862,6	980,7	1057,3	307,3	405,4	486,3	616	496				
Média	27,8	32,7	34,1	9,9	13,5	15,7	21	17				

MAPA DE TEMPERATURAS MÁXIMA E MINIMA, HUMIDADE RELATIVA E PRECIPITAÇÃO REFERENTE AO IV TRIMESTRE DE 2023 – DADOS CLIMATICOS

Dias	Tª Máxima °c			Tª Mínima °c			Humidade Relativa %			Precipitação mm		
	Out.	Nov.	Dez.	Out.	Nov.	Dez.	Out.	Nov.	Dez.	Out.	Nov.	Dez.
01	38,3		28,4	19,6		18,5	9					
02	39,4		28,3	20,9		20,5	14		75			
03	32,6		28,0	27,0		20,9	42		64			
04	37,5		30,9	19,2		19,9	16		63			
05	37,5		30,4	19,9		19,9	11		55			
06	37,5		30,2	21,9		17,5			67			
07			32,2			21,8			56			
08		38,7	32,4		18,3	21,7			60			
09		36,6	33,4		22,2	22,0			33			
10		37,7	32,7		23,9	21,6			39			
11		33,7	33,8		20,4	20,5		50	36			
12		35,7	34,1		23,5	20,8		34	41			
13		36,4	33,2		35,0	21,7		28	41			
14		37,0	32,2		25,2	22,0		25	26			
15		28,2	30,3		20,3	21,0		65	45			
16		33,8	34,7		20,9	20,8		52	37			
17		29,1	37,1		21,1	20,3		70	28			
18		32,8	32,9		23,8	23,2		40	69			
19		34,9	30,2		22,1	20,6		40	65			
20		28,7	32,7		20,9	23,1		83	56			
21		34,2	30,6		19,2	20,2		27	79			
22		35,7	30,4		25,2	21,3		23	62			
23		37,4	28,2		23,0	21,2		32	75			
24		31,9	28,6		20,2	21,1		62	77			
25		27,3	32,6		20,3	21,9		72	42			
26		27,3	31,6		18,1	19,1		68	40			
27		31,3	32,5		20,5	18,8		68	35			
28		33,7	32,2			18,3		49	44			
29		32,9	32,0		20,3	18,6		53	43			
30		30,1	32,5			20,0			47			
31			31,0			18,2			32			
Total	**222,8**	**765,1**	**980,3**	**128,5**	**464,4**	**637,0**						
Média	**37,1**	**33,3**	**31,6**	**21,4**	**22,1**	**20,5**						

O Chefe de Departamento

MIX
Papier aus verantwortungsvollen Quellen
Paper from responsible sources
FSC® C105338

Printed by Books on Demand GmbH, Norderstedt / Germany